데이터로 보는 진화의 새로운 사실

생물선생님도 몰래 보는 진화론

기타무라 유이치 저 | 이재화 역

봄봄스쿨

머리말

"과학은 이론적인 것이다." 라고 말하는 사람이 있는데, 이 주장은 거의 옳다. 그런데 "이론적이기 때문에 과학적인 것이다."라고 말하는 사람도 있다. 이 주장은 두말할 것도 없이 틀렸다. 이론은 과학의 전매특허가 아니다. 신학이 이론적인 체계를 구축하기 위해 몇 세기나 노력해온 사실만 봐도 알 수 있지 않은가. "실험에 의해 검증되지 않은 이론은 신학이나 마찬가지다." 과학자들은 종종 이렇게 말한다. 확실히 이론만으로는 과학이 성립되지 않으며, 과학에서는 검증이 큰 비중을 차지한다. 그렇지 않으면 엄청나게 큰 입자가속기를 만든다든지, 한겨울에 추위를 잊어가며 별을 관측한다든지, 황야에서 온갖 고생을 다 해가며 화석을 캐는 일 따위는 하지 않을 테니 말이다.

이론은 필수 불가결한 조건이면서 사용법도 제한되어 있다. "사람은 죽는다. 소크라테스는 사람이다. 따라서 소크라테스는 죽는다." 이것은 의심할 여지없이 깔끔한 논리지만, 이것만으로는 과학의 세계를 제대로 탐구해 나갈 수 없다. "담배를 피우면 폐암에 걸린다. 나는 담배를 피운다. 따라서 나는 폐암에 걸릴 것이다." 이 말은 논리적으로는 옳지만, 과학적으로는 완전히 틀렸다. 담배를 피우기 때문에 폐암에 걸리는 것은 아니며, 피우지 않으니까 폐암에 안 걸리는 것도 아니다. 물론 논리가 나쁘다는 말이 아

3

니다. 그저 논리만으로는 설명이 안 되는 문제가 자연계나 일상생활에 존재한다는 이야기다.

　"이렇게 명명백백한 논리를 사용할 수 없다니, 도대체 무슨 소리야?"라며 화를 내는 사람도 있을지 모르지만, 논리적이기 때문에 무조건 옳다는 빈약한 주장을 하는 쪽이 오히려 문제라고 할 수 있다. 이런 주장의 배경에는 "논리적인 것이 곧 과학적인 진리다."라는 단순한 착각이 자리 잡고 있기 때문이다. 이처럼 논리적으로 약한 우리에게 세계는 사실을 논리적으로 쌓아 올린 견고한 성과도 같다.

　그러나 우리가 세상이 논리적이라고 굳게 믿는 것과 정반대로, 세계는 가설로 이루어져 있다. 우리는 조금 전까지 '여기에' 두었던 물건이 보이지 않아서 그것을 열심히 찾아다닐 때가 있다. 이는 "어떤 물건을 여기에 두었다."라는 가설이 무너진 경우이다. 뭘 그리 과장되게 생각하느냐며 불만스러워하는 사람도 있겠지만, 지금부터 5분 전에 어떤 물건을 책상 위에 두었다고 생각하는 것, 이것은 관측된 사실이 아니라 가설이다. 5분 전의 세계는 이 지구의 어디에도 존재하지 않는 관측 불가능한 것이며, 현재 존재하는 데이터로부터 추론한 가설일 뿐이다. 그리고 데이터로부터 추론한 가설은 검증에 의해 무너질 가능성이 충분하다. 책상 위에 두었다고 생각했던 물건을 옆 방 의자 위에서 발견했을 때, 새롭게 관측된 데이터에 의해 가설이 무너졌다고 할 수 있다.

　세계는 가설로 이루어져 있지만 우리가 이 사실을 잘 깨닫지 못하는 이유는 이 가설이 쉽사리 무너지지 않기 때문이다. 그러나 아주 견고하다고 생각하는 '현실'조차 시간에 의해 무너지는 때가 있다. 출근하기 전까지 함께했던 가족과, 저녁에 귀가하는 나를 마중 나온 가족은 동일 인물이다. 매우 당연한 결론이라고 생각하겠지만, 사실 이것은 단편적인 시간으로 추론된 가설일 뿐이다. 그러므로 친구나 가족을 24시간 내내 관찰하기 전까지는 두 사람이 동일 인물이라고 단언할 수 없다. 간혹 장례식에서 돌아오는 길에 우연히 망자를 만났다는 사람이 있다. 망자가 죽기 전에 마지막으로 만난 날짜나 시간을 착각해서 삼기는 어이없는 실수인 듯한데, 이 사건은 누가 누구와 동일 인물인지 인식하는 것이 사실은 가설이라는 점을 잘 보여주는 예라 할 수 있다. 사실이라고 생각했던 세계에 금이 가는 순간이다.

과학 세계에서는 논리뿐만 아니라 가설 검증도 활발하게 행해지고 있다. 과학자들은 자연의 구조를 탐구하겠다고 마음먹은 이래로 다양한 가설을 세우고 무너뜨리기를 반복해 왔다. 물론 무너뜨리는 것이 목적은 아니다. 가설이 무너졌다는 것은 더 나은 가설을 찾아냈다는 뜻이기 때문이다. 과학자들은 이런 식으로 자연계의 구조를 해명해 왔으며, 그 과정에는 놀랄 만한 역사도 있다. 새는 본디 공룡이었고, 고래와 가장 가까운 동물은 하마다. 공룡은 소행성 충돌로 멸종했고, 절지동물의 머리에는 엄청난 비밀이 숨어 있을지도 모른다. 그럼 지금 바로 그 놀라운 역사를, 우리가 진리라고 굳게 믿어왔던 세계에 균열이 생기는 모습을 보러 가자.

CONTENTS

고래가 옛날에는 하마였다?

"이건 틀림없어!" 우리는 가끔 이렇게 확신할 때가 있다. 물론 근거가 있으니까 이렇게 확신하는 것이겠지만, 과연 그 근거라는 게 정말 확실한 걸까? 정답은 반반이다. 옳을 수도 있지만, 어쩌면 완전히 잘못된 근거일 수도 있다.

데이터로 이야기하는
진화의 새로운 사실!

🌱 깃털 있는 도마뱀?

따뜻하고 온난한 숲. 축축한 공기가 양치류와 침엽수로 이루어진 짙 푸른 숲 속에 흐른다. 아열대 기후에서 자라난 침엽수와 거대한 양치식물 이 뒤섞여 펼쳐진 세계. 당신이 이 숲에서 위화감을 느꼈다면, 그건 아마 도 당신이 지금까지 봐온 여느 숲과는 다르기 때문일 것이다. 오늘날 이 러한 자연환경은 남반구 정도에서만 볼 수 있다.

식물만 기묘한 것이 아니라, 이상한 동물도 있다. 나무 위를 이동하고 있는 동물은 도마뱀과 흡사하게 생긴 파충류이다. 이 녀석은 휙 점프를 할 때 등에 달린 날개 같은 기관을 펼쳐서 가지에서 가지로 활공해 간다. 현대의 날다람쥐와 어딘지 모르게 비슷하지만, 겉모습이나 이동 수단은 전혀 다르다.

여기는 지구지만, 현대의 지구는 아니다. 시대는 지금으로부터 2억 5000만 년 전으로, 이 시기보다 좀 더 전에는 생물 대부분을 뿌리째 말살 한 대변동大變動(자연재해나 기상이변 등의 이유로 생물이 멸종하거나 그 수가 급감하는 등의 큰 변화-역주)이 지구에 일어났다. 자연은 그 대파괴 로부터 조금씩 회복해 가기 시작했다. 대변동의 결과, 지구를 지배했던 종족은 쇠퇴하고 그 자리를 파충류가 대신하게 되었다. 나무 위의 동물도 이 종족의 하나로, 몇 억 년 후에는 지구에 지성을 지닌 영장류, 즉 인류 가 출현하여 이 동물을 롱기스쿠아마Longisquama라고 부르게 될 것이다.

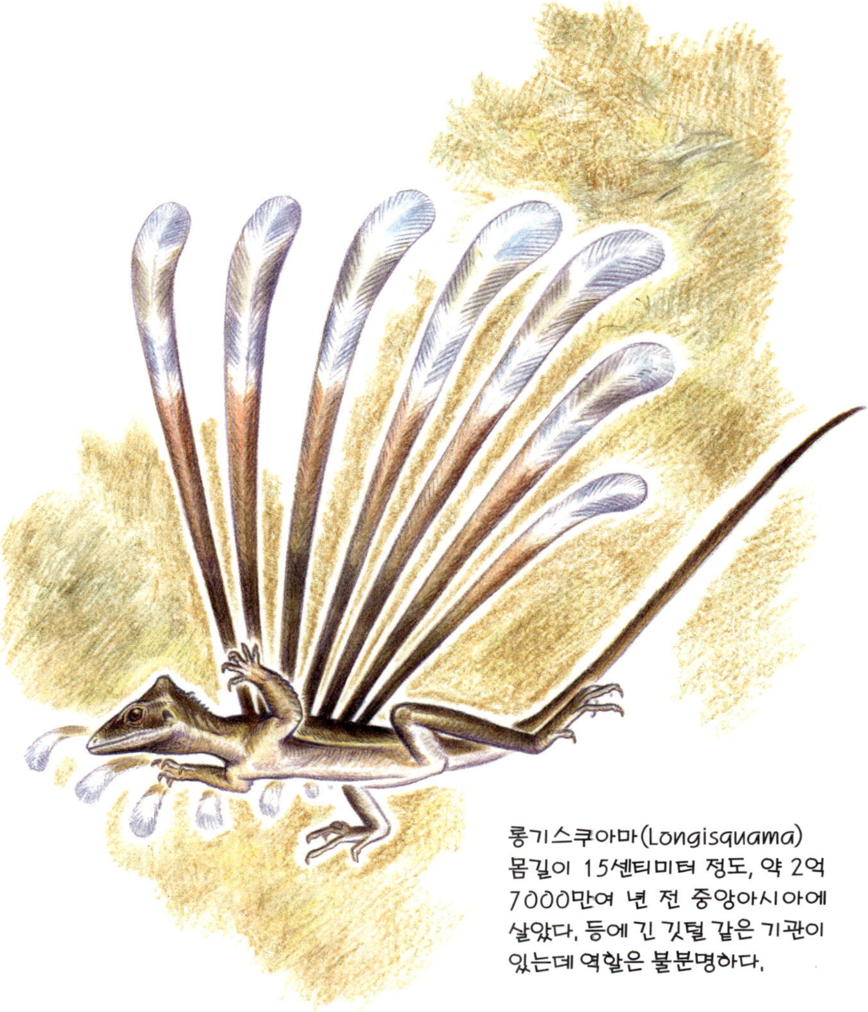

롱기스쿠아마(Longisquama)
몸길이 15센티미터 정도, 약 2억
7000만여 년 전 중앙아시아에
살았다. 등에 긴 깃털 같은 기관이
있는데 역할은 불분명하다.

롱기스쿠아마는 기껏해야 15센티미터 정도인 작은 동물이다. 등에 새의 깃털과 비슷한 기관을 지닌 것을 화석을 통해 알 수 있지만, 이것이 어떤 용도로 사용되었는지는 확실하게 밝혀지지 않았다. 앞서 말했듯이 가지에서 가지로 활공하는 데 사용했을지도 모르고, 가지에서 가지로 뛰어다닐 때 낙하산처럼 사용했을지도 모른다. 어쩌면 그냥 장식일 수도 있다. 활공하는 데 사용했을 거라는 이야기는 어디까지나 하나의 해석일 뿐이다.

롱기스쿠아마의 등에 달린 깃털 형태의 구조는 우리 같은 일반인뿐만 아니라 이 분야의 연구자들에게도 매우 인상적으로 느껴지는 모양이다. 몇몇 소수의 연구자는 롱기스쿠아마가 새의 선조, 혹은 그 계보를 잇는 동물이라고 생각했다. 롱기스쿠아마와 새가 지닌 '깃털'이라는 공통된 특징을 새의 진화 과정을 밝히는 커다란 단서라고 생각한 것이다.

그러나 연구자들의 대부분은 이 의견에 동의하지 않았으며 지금도 마찬가지다. 오히려 시간이 흐를수록 반대 의견은 더욱 확고해지기만 할 뿐이다. 도대체 왜 그런 걸까?

🌱 새는 공룡?

설명하기에 앞서 일단 학계의 일반적인 견해를 이야기하도록 하겠다. 현재 거의 모든 연구자가 새는 공룡으로부터 진화했다고 생각한다. 보다 정확히 말해, 새를 비행이 가능한 공룡의 일종으로 간주하는 것이다. 그들이 이렇게 생각하는 근거는 굉장히 단순하다. 새가 공룡의 일종이라는 사실을 나타내는 데이터가 아주 많기 때문이다. 이에 반해 롱기스쿠아마가 새의 선조라는 주장을 지지하는 데이터는 단 하나, 바로 등에 달린 깃털뿐이다.

물론 롱기스쿠아마파[注]도 지지 않는다. 그들은 깃털과 같은 복잡한 구조가 몇 번이나 진화했을 리 없다고 주장한다. 깃털의 진화는 기나긴 생명의 역사에서 단 한 번뿐이며, 이런 사실로 미루어보아 롱기스쿠아마는

새와 롱기스쿠아마는 둘 다 깃털이 나 있다.
이 특징을 보면, 새가 롱기스쿠아마로부터
진화했다고 생각할 수 있다.

새의 조상이라는 것이다. 따라서 이들에게 공룡파(派)가 중요시하는 데
이터 따위는 진부하고 보잘것없는 것일 뿐이다. 공룡파가 제시한 증거는
손가락이나 목의 뼈 형태 혹은 허리뼈의 배치, 공룡과 새 둘 다 뒷다리로
걷는다는 사실 정도로, 아무리 봐도 보잘것없고 사소한 것들이다. 롱기스
쿠아마파에게 공룡과 새의 공통점 따위는 속임수이다. 그들은 그저 운동
의 제약 때문에 비슷하게 진화한 것이며, 새와 공룡의(수십 가지가 넘는)
공통점은 따로따로 진화한 동물이 우연히 닮은 것일 뿐이라고 주장한다.
롱기스쿠아마파에게는 깃털이야말로 롱기스쿠아마와 새의 혈연관계를
증명해 주는 가장 훌륭한 진화의 증거이다.

그러나 앞에서도 말했듯이 롱기스쿠아마가 새라는 가설을 지지하는

연구자는 전혀 없다. 반대로 공룡파의 의견은 정설로 자리 잡아, 이제 연구자의 관심은 새가 공룡에서 어떻게 진화했는지에 쏠려 있다. 그들에게 새의 기원이 공룡일까 롱기스쿠아마일까 따위는 더 이상 관심거리가 아니다. 지구는 평평할까, 아니면 둥글까? 그 누구도 이 문제에 관심을 두지 않는 것처럼 연구자에게 새의 기원 역시 더는 논할 가치가 없는 대상이다. 이런 논쟁은 이미 한 세기 전에 끝났다. 그렇다면 도대체 왜 두 의견은 이렇게까지 엇갈리는 것일까?

🌵 보다 강력한 증거는?

그럼 여기서 한 가지 예를 들어보자. 당신은 어떤 살인 사건을 수사하고 있고, 용의자는 필자다. 나는 알리바이도 정말 수상하지만, 그보다 당신의 주의를 끄는 것은 살인 현장에서 나온 두 개의 증거물이다. 첫 번째는 피해자 근처에 떨어져 있던 볼펜으로, 내가 쓰는 것과 같다. 두 번째는 내 지문이 묻은, 피로 얼룩진 못이 박힌 방망이다. 물론 방망이의 피는 피해자의 것이다.

자, 당신은 이 두 가지 증거물 중에서 무엇을 결정적인 증거라고 생각하겠는가? 아마 대부분이 지문이 묻은 방망이를 결정적인 증거라고 생각할 것이다. 내가 만약 그렇게 생각하는 이유가 뭐냐고 묻는다면 당신은 다음과 같이 대답할 것이다.

"당신, 설마 그걸 몰라서 묻는 거야? 지문은 사람마다 달라. 근데 당신 지문이 흉기에 묻어 있었지. 그것보다 결정적인 증거가 또 있을까?"

"그러니까, 당신은 결정적인 증거와 그렇지 않은 증거가 있다고 생각한다는 얘기지?"

"물론이지!"

방망이에 묻은 지문으로 따져 보면, 범인은 바로 당신이야!

왜 그게 결정적인 증거가 되지?

지문은 사람마다 달라. 그러니 가장 결정적인 증거가 될 수밖에 없지.

나름대로 이유가 있을 때에만 다른 증거보다 강력해진단 말이군.

훌륭하군, 훌륭해. 너도 같이 처리해주마.

옳은 말이다. 증거에는 저마다 중요도의 차이가 있다. 그렇다면 그렇게 생각하는 이유도 말할 수 있을까?

"아무렴!"

처음에 말했듯이 인간의 지문은 개인마다 다르므로 고유한 특징이 된다. 그렇기 때문에 타인의 지문과 세세한 부분까지 일치하는 일 따위 있을 수 없다. 이러한 사실을 아는 당신은, 볼펜보다 지문이 묻은 흉기를 중요시한다. 즉, 당신이 어떤 증거가 다른 것보다 더 중요하다고 설명할 때에는 그 이유를 설명할 만큼의 경험적인 지식을 이미 갖추고 있는 것이다.

요컨대 설득력 있는 이유가 있을 때에만 특정 증거를 다른 증거보다 중요시한다고 말할 수 있다. 실제로 이것이 롱기스쿠아마파와 공룡파의 의견이 엇갈리게 된 원인이기도 하다.

🌱 깃털은 정말 강력한 증거일까?

롱기스쿠아마파는 깃털이 생물의 역사에서 한 번 이상 진화하는 일은 있을 수 없다는 이유를 들어 깃털이라는 증거를 중요시하는 근거를 설명하였다. 이는 지문이 사람마다 다르므로 중요하다고 주장하는 것과 다르지 않다. 사실, 이렇게 하지 않으면 롱기스쿠아마파의 의견은 성립하지 않는다.

공룡파는 문외한이 보기에도 새와 공룡의 혈연관계를 이해할 수 있는 데이터를 수십 개나 보유하고 있다. 이러한 데이터를 전부 무시하면서까지 롱기스쿠아마와 새를 연결하려면, 깃털이라는 특징이 굉장히 중요한 증거여야 한다. 그렇지 않으면 깃털은 이렇다 할 의미가 없다. 다시 말해 깃털이라는 단 하나의 특징이 다른 특징들을 밀어낼 정도로 뛰어나려면, 다른 특징보다 훨씬 더 중요한 가치가 있어야 한다. 이러한 조건이 성립할 때만 깃털이 다른 수많은 증거를 제치고 승리할 수 있는 것이다.

그리고 이를 정당화하는 근거는 "틀림없이 깃털은 한 번만 진화했

깃털은 무적의 증거!!
다른 증거는 전혀 두려
워할 필요가 없다!

· · · · · ·

1 62

5

45 4

어떤 증거를 '강력'하다
주장하는 건 상관없지만,
과연 그 주장이 타당한 걸까?

악~~!!

우~

45

우~

다."는 주장이다. 이 전제가 옳다고 인정되었을 때에만 롱기스쿠아마파의
의견에 설득력이 생기는 것이다.

그러나 이 주장이야말로 롱기스쿠아마파의 약점이다. 공룡파는 분명히 이렇게 말할 것이다.

"깃털이 딱 한 번만 진화했다고? 너희는 도대체 무슨 수로 그걸 알고 있는 거지?"

어린이의 질문처럼 천진난만하지만, 실제로는 심각한 문제다. 단 한 번만 진화했다는 주장은, 그 사건이 일어난 횟수가 한 번뿐이라는 사실을 롱기스쿠아마파가 이미 알고 있다는 것을 말한다. 이는 결국 롱기스쿠아마파가 과거를 훤히 알고 있다는 말이 된다.

이 이야기는 치명적이다. 왜냐하면 그것은 불가능하기 때문이다. 우리에겐 타임머신이 없다. 설령 타임머신이 있다 해도 이 문제를 확인하는 데는 큰 도움이 되지 않는다. 만약 우리가 천 년 동안의 역사를 관찰하려고 한다면, 천 년이라는 시간이 걸리기 때문이다. 그러므로 타임머신이 있더라도, 깃털이 몇 번이나 진화했는지 확인하는 일은 불가능하다. 여러 말할 필요 없이, 깃털이 한 번만 진화했다는 주장은 근거도 없는데다 확인도 불가능한 추측일 뿐인 것이다.

그리고 이 모순이야말로 공룡파가 롱기스쿠아마파를 압도한 이유이기도 하다. 공룡파는 모든 증거를 똑같이 여긴다. 어떤 증거가 더 중요한지 미리 알아낼 방법이 없기 때문이다. 혹은 정확하게 알지 못하기 때문에 모든 증거를 동등하게 생각한다고 할 수도 있다. 즉, 공룡파는 자신들이 무지하다고 솔직하게 인정하는 것이다. 새가 공룡의 일종이라는 주장을 뒷받침하는 데이터는 무수히 많다. 그뿐만 아니라 공룡에는 깃털을 지닌 종도 있다. 이 데이터는 새가 공룡이라는 사실을 명백하게 보여준다. 이렇게 해서 롱기스쿠아마파는 소수파가 되고, 대부분의 과학자는 새가 공룡이라는 주장을 받아들였다. 확실히 지금도 대중매체는 정설이 된 공

룡파의 의견을 소개하는 데 그치지 않고, 가끔 롱기스쿠아마파의 의견도
수용한다. 그래서 이 이야기를 처음 접한 사람은 양쪽의 의견 모두 우열
을 가리기 어려울 만큼 설득력이 있다고 생각할지도 모른다. 그러나 현실

은 다르다.

대중매체도 저술가도 일단은 대립하고 있는 가설을 소개하는 데 만족한다. 지식이 부족한 탓일 수도, 방송 시간이나 문장을 더 벌기 위해서일 수도 있다. 방송이나 글의 내용을 늘리기란 정말 힘든 일이니 말이다.

혹은 이렇게 하면 더욱 그럴싸하게 보이기 때문일지도 모른다. 사람은 신중한 동물이라 일방적으로 하나의 가설만 옳다고 주장하면 거부반응을 보이게 마련이다. 하지만 현실에서는 모든 가설이 동등하게 대립하지 않는다. 그런데도 나름의 이유 때문에 가설을 반반씩 채택하는 것, 이것이 문제가 된다.

생물의 특성은 모두 진화 과정에서 탄생하였다. 다시 말해 모든 특성은 과거의 역사를 통해 형성되었으며, 그 형성 과정은 현 시점에서는 직접 관찰할 수 없는 시간의 저편에 존재한다. 생물이 지닌 특성은 과거의 역사를 아는 단서가 되지만, 무엇이 더 중요한 데이터가 될지는 미리 알 방법이 없다는 얘기다. 즉, 우리는 무엇이 볼펜이고 무엇이 지문인지 알지 못한다. 조사해 보려고 해도 정보는 이미 시간의 저편으로 숨어버려서 확인할 길이 없기 때문에, 모든 정보가 동등하다고 가정할 수밖에 없다. 소극적이라고 느끼는 사람도, 실망하는 사람도 있을지 모른다. 그러나 실제로 이것이 정론定論이며, 바로 현실이다.

🌱 그렇지 않은 경우

그러나 예외적인 경우도 있다. 요컨대 어떤 특징을 지문처럼 사용할 수 있는지 "미리 구체적으로 알고 있는 경우"로서, 이때 그 증거의 힘은 극대화된다. 경우에 따라 열 몇 개의 데이터만으로 수십 개 혹은 수백 개의 다른 데이터를 무용지물로 만들어버릴 수도 있다. 실제로 이 힘을 사

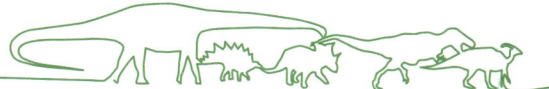

어떤 데이터가 어느 정도 강력한지
미리 알 수 없는 이상 특정 데이터,
예를 들어 깃털이라는 단 하나의
데이터만으로는 모든 것을
뒤엎을 수가 없다.

깃털이 한 번만 진화했다는 가정은
추리해야만 하는 과거를 미리 알고 있다는
뜻으로, 진지하게 생각해 보면
정말 말도 안 되는 주장이다.

용해서 고래와 가장 가까운 동물이 하마라는 경천동지驚天動地할 만한 결론을 이끌어내자, 일반적인 견해가 무너졌을 뿐 아니라 다른 데이터까지도 새로운 결론을 뒷받침하게 된 사건이 있었다. 새로운 데이터를 이용해 과거의 문을 열었을 때, 그곳에서 살짝 엿보았던 과거의 세계와 진화의 역사는 실로 놀랄 만한 것이었다.

어째서 그러한 일이 가능할까? 어째서 그 증거가 강력해졌을까? 그리고 거기서 엿보았던 고래의 역사란 무엇일까? 이제 그것을 보러 가자.

증거의 힘이
가설의 운명을 결정한다

🔱 고래란 어떤 동물일까?

4800만 년 전 어느 날, 사슴처럼 보이는 작은 동물 한 마리가 햇볕이 내리쬐는 강가로 다가온다. 그곳에는 새도 있지만, 이 새가 공룡의 후손이라는 사실 따위는 이 동물의 관심 밖이다. 1500만여 년 전, 지구와 충돌한 거대 운석에 의해 지구를 지배하던 파충류 대부분이 멸종했다. 파충류 제국은 돌연 멸망해 버리고 지구는 포유류의 왕국이 되었다. 사슴을 닮은 이 동물도 파충류를 대신하는 지상의 새로운 지배자였다. 이 동물은 조용히 흐르는 강가에 신중히 다가가 주위를 살피고 나서 강물에 입을 대고 바짝 마른 목을 축인다. 그때 갑자기 수면이 팍 튀어 오르면서 무언가가 불쑥 나타나 물을 마시던 동물을 한입에 물어 넣는다. 사슴을 닮은 동물은 필사적으로 몸부림치지만 이미 강인한 턱에 끼어 도망칠 수가 없다. 물속에 숨어 있던 동물은 마치 악어처럼 기괴하게 생긴 육식 동물이다. 그러나 몸은 비늘에 싸여 있지도 않으며, 작은 귀를 쫑긋거리고 있다. 악어를 닮았지만, 이 동물은 포유류이다.

이 동물, 암블로세투스^{Ambulocetus}는 물갈퀴가 달린 손발을 휘저어 먹이를 입에 문 채 물속으로 유유히 사라진다. 어딘가 조용한 장소에서 먹이를 음미할 작정이다. 이 생물이 바로 고래의 조상이자 하마의 사촌이라고 여겨지는 동물일까?

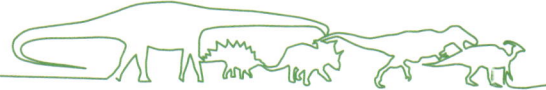

암블로세투스 *Ambulocetus*
약 4800만 년 전 파키스탄에 살았던 원시적인 고래로
몸길이는 3미터,
퇴화하고 있지만 튼튼한 뒷다리 덕분에 바다표범처럼
육상으로 올라온 듯하다.

🔱 바다의 거대한 포유류

고래란 어떤 동물일까? 고래는 고대부터 신처럼 두려움의 대상이었
던 동물이자 여러 민족의 귀중한 음식 재료로 이용된 동물로, 현대에 와
서는 관광의 대상이 되었다. 고래 경鯨자를 쓸 때 굴고기 어魚자가 들어가

듯이, 예로부터 고래는 물고기와 동류라고 여겨져 왔다. 그렇게 생각할 만도 하다. 고래의 겉모습은 분명히 물고기니까 말이다. 고래는 포유류라고 하기에는 형태가 너무 독특하다. 그 때문에 인간은 마치 무엇에라도 홀린 듯, 고래가 어떤 동물인지를 알아내려는 노력을 멈추지 않았다. 그래서 17세기에 이미 고래가 물고기처럼 보이는 겉모습과는 달리 폐로 호흡하고, 새끼에게 젖을 먹인다는 사실을 알았고, 이를 근거로 고래를 포유류라고 여기게 되었다. 또한 해부학적인 특징으로 볼 때 소의 친척과 가까운 사이라는 사실도 상당히 오래전부터 알고 있었다. 여기서 소의 친척이란 사슴, 멧돼지, 하마, 낙타를 일컫는다. 이들은 우제류^{소목(牛目)}에 속하는 포유동물로 발굽이 짝수다. 멧돼지처럼 되새김질^{反芻}을 하지 않는 동물과 소나 사슴처럼 되새김질을 하는 동물이 있다-역주)라 부른다. 고래와 소의 친척들 사이에 공통점이 있다는 말을 믿기 어렵겠지만, 이들 모두 기관지가 세 개이며 위는 몇 개의 작은 방으로 나뉘어 있다. 이러한 사실은 다른 동물에게는 없는 공통점이며, 이들이 동류임을 나타내는 커다란 증거이다. 우리는 어떤 동물이나 사물을 한 그룹으로 묶을 때 공통점을 찾는다. 아무리 의외라고 생각되더라도 숨길 수 없는 공통점이 있는 이상, 고래가 우제류와 가깝다는 사실은 명백하다.

고래와 우제류는 그 밖에도 독특한 특징이 있다. 그중의 하나가 바로 페니스^{penis}다. 페니스는 수컷의 생식기를 말하는데, 고래와 우제류는 이 기관의 구조가 독특하다. 소와 고래 모두 다른 포유류와 마찬가지로 페니스가 용수철처럼 탄력이 있다. 그러나 다른 포유류의 페니스가 평소에도 체외로 나와 있는 것과 달리, 소와 고래의 페니스는 근육으로 팽팽하게 당겨져서 체내에 쏙 들어가 있기 때문에 보이지 않는다. 그래서 소와 고래는 페니스를 크게 만들기 위해 해면체^{海綿體}(포유류의 음경이나 음핵의

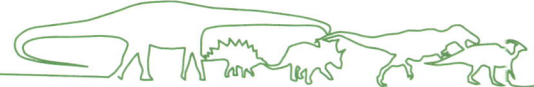

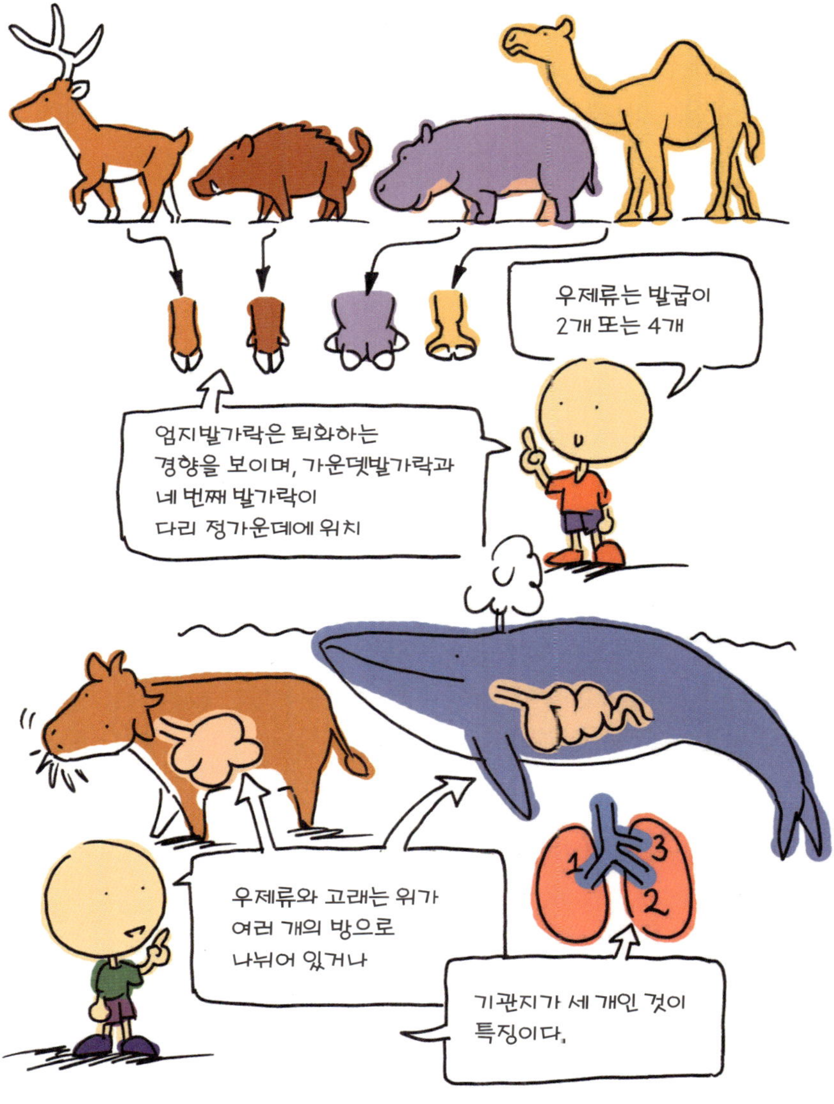

우제류는 발굽이
2개 또는 4개

엄지발가락은 퇴화하는
경향을 보이며, 가운뎃발가락과
네 번째 발가락이
다리 정가운데에 위치

우제류와 고래는 위가
여러 개의 방으로
나뉘어 있거나

기관지가 세 개인 것이
특징이다.

주체를 이루는 해면상 구조의 발기 조직. 신경계의 작용으로 내부에 혈액이 충만하면 커지고 딱딱해진다-역주)에 혈액을 보낼 필요가 없다. 근육을 느슨하게 하면 페니스가 자연히 밖으로 나오기 때문이다. 페니스가 체내에 들어가 있을 때 S자 형태로 휘어져 있는 것도 공통적인 특징이다. 이런 공통점만 보더라도 고래가 우제류와 가까운 사이라는 것을 충분히 알 수 있다. 그렇다면, 이제 문제는,

'고래와 우제류가 가까운 사이라면, 도대체 어느 정도로 가까운 걸까?'
  이다.

🌱 우제류의 복사뼈

안타깝게도 위 문제에 대답하기는 쉽지 않다. 겉모습도 내장도 골격마저도 더 이상은 비교할 방법이 없기 때문이다. 예를 들어 고래는 뒷다리가 없다. 고래의 커다란 꼬리지느러미를 지탱하는 것은 튼튼한 꼬리로, 뒷다리는 형체도 남아 있지 않다. 확실히 체내에는 작은 허리뼈가 있고, 종류에 따라서는 대퇴골도 남아 있지만, 그것뿐이다. 그런데 우제류의 가장 현저한 특징은 하필이면 뒷다리에 있다. 그래서 고래와 우제류가 얼마나 가까운 사이인지를 알아보고자 할 때 난관에 봉착하고 마는 것이다. 사람의 발뒤꿈치에는 복사뼈라고 불리는 뼈가 있다. 우제류도 복사뼈가 있지만, 인간과 달리 직사각형 형태를 띤다. 이 모양 때문에 고대 이집트 등에서는 우제류의 복사뼈를 주사위로 사용했으며, 고대 그리스에서는 4개의 복사뼈를 던져서 나온 면^面의 종류와 배합으로 점수를 겨루는 게임도 있었다. 이 게임은 지금까지도 몽골에서 전해지고 있다. 양의 복사뼈를 던져 대결하는 게임으로 소, 양, 원숭이, 낙타 등으로 이름을 붙인 면

인간의 복사뼈는 끝부분이 공 모양이라 발목을 빙글빙글 회전시킬 수 있어.

우제류의 복사뼈는 끝부분이 도르래 모양이라 앞뒤로밖에 움직이지 못해.

우제류의 복사뼈는 위아래가 도르래 형태이며 4개의 면이 있음.

의 배합을 통해 나온 점수를 겨룬다.

한편 인간의 복사뼈는 직사각형이 아니고 끝부분에는 공 모양의 관절이 있기 때문에 이것을 축으로 삼아 발목을 빙글빙글 돌릴 수가 있다. 수영하기 전에 준비운동을 할 때 발이 아프지 않도록 발목을 돌리는데, 이 동작이 가능한 이유가 바로 이 뼈 덕분이다.

그러나 우제류의 복사뼈는 이런 유연성이 없다. 직사각형의 복사뼈 위아래에 있는 관절은 둘 다 도르래 같은 구조라서 발을 앞뒤로만 움직일 수 있다. 이 때문에 우제류는 발목을 빙글빙글 돌리지 못하지만, 대신 발을 앞뒤로 세게 움직여도 발목이 탈골될 염려가 없다. 도르래 형태의 관절이 움직임을 앞뒤로만 제한하기 때문이다. 이런 형태의 관절은 빨리 달리는 데 굉장히 유리하다. 즉, 우제류는 달리는 것이 특기인 동물이다. 이쯤에서 한 가지 묻고 싶은 게 있을 것이다. "그렇다면 고래도 이런 동물과 마찬가지였는가?" 하지만 애석하게도 이 질문에는 대답을 해줄 수가 없다. 고래는 뒷다리가 없기 때문이다. 이러니 비교하고 싶어도 할 수가 없지 않은가.

귀뼈에 관해서도 마찬가지다. 우제류는 독특한 형태의 귀뼈를 갖고 있다. 그러나 고래는 귀뼈의 형태가 대부분 바뀌었기 때문에 이것을 놓고 비교하는 것도 불가능하다.

앞서 이야기한 뒷다리나 귀뼈 등의 문제 때문에 '고래와 우제류는 얼마나 가까운 사이인가?' 하는 질문에 대한 답을 더는 제시할 수가 없다. 조사해 보려고 해도 더 이상은 데이터가 없기 때문이다. 이는, 문제를 해결하기 위해 확보한 데이터가 부족했다는 말이기도 하다. 게다가 먼 과거에 멸종된 동물 중에는 고래와 비슷한 이빨이 나 있지만 우제류와는 그다지 닮지 않은 동물이 있었다고 한다. 이런 이유 때문에 과학자들은 고래와 우제류가 친척이기는 하지만, 그다지 가까운 사이는 아니라고 생각하게 되었다. 우리는 고래에 대해 20세기 후반까지 이런 식으로 이해했지만, 1990년대가 끝날 무렵 이 상황은 극적으로 바뀌었다.

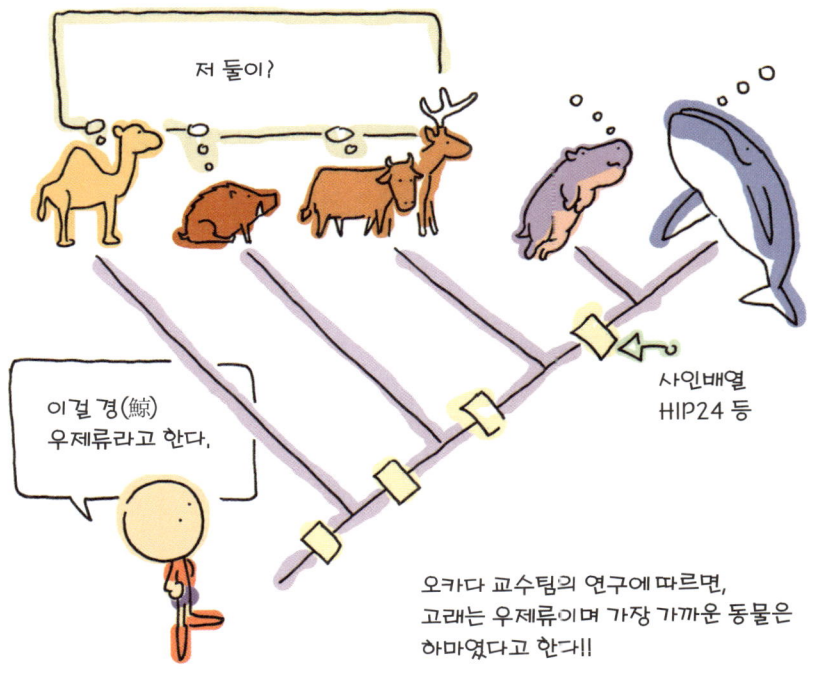

저 둘이?

이걸 경(鯨) 우제류라고 한다.

사인배열
HIP24 등

오카다 교수팀의 연구에 따르면,
고래는 우제류이며 가장 가까운 동물은
하마였다고 한다!!

🌱 정설을 뒤엎는 논리

1990년대가 끝날 무렵, 일본 도쿄공업대학東京工業大學의 오카다 노리히로岡田 典弘 교수 연구팀은 '고래와 우제류는 어떤 관계일까?'라는 문제를 「사인배열(SINE배열, 짧은 산재성의 반복 배열이라는 뜻의 약자-역주)」이라는 특징을 이용해 해결했다고 발표했다. 다시 말해 고래와 우제류의 관계를 밝히는 새로운 데이터를 찾았다는 것이다 이 결론은 실로 깜짝 놀랄 만한 것이었다. 또한 1997년에는 고래가 우제류와 가까운 사이가 아니라 바로 우제류 그 자체라는 사실을 발표했으며, 1999년에는 고래의 근연종近緣種(가장 가까운 종-역주)이 바로 하마라는 결론을 발표했다. 이 주장은 우리 같은 비전문가가 듣기에도 상상을 초월하는 답이었다. 하마와 고래는 몇 가지 확실한 공통점이 있다. 둘 다 물속에서 생활하며 몸에 털이 나지 않는데다 웃고 있는 듯한 눈매가 닮았으니 말이다. 하지만 오카다 교수는 이런 이유 때문에 고래와 하마가 근연종이라고 주장한 것이 아니다. 그럼 그가 하마와 고래가 근연종이라고 주장한 이유는 무엇이었을까?

이 연구 결과는 지금까지 정설이라고 여겼던 가설에 정면으로 도전하는 것이었다. 게다가 오카다 교수 연구팀이 사용했던 데이터는 그 수가 매우 적어서 9개, 1999년에도 21개로 적었으며 이 중에서 고래와 하마가 근연종이라는 사실을 직접적으로 증명하는 데이터는 불과 4개뿐이었다. 개수로만 비교하면 정설에 대항하기에는 너무 터무니없어 보인다. 정설은 축적된 데이터와 많은 증거를 확보하고 있었기 때문이다. 그러나 오카다 교수는 자신의 연구 성과에 자신이 있었으며, 논리적으로도 확률적으로도 이 주장은 옳았다. 게다가 시간이 지남에 따라 완전히 다른 분야에서도 '고래 하마 사촌설'을 지지하는 데이터가 몇 개나 나왔다. 결국 논리적으로만이 아니라 학계에서도 오카다 교수의 가설을 지지하게 된 것이다.

⊕ 데이터의 질이 승리의 열쇠

이렇게 적은 수의 증거로 어떻게 다른 수많은 증거를 압도할 수 있었을까? 오카다 교수의 '고래 하마 사촌설'과 '정설'의 대립은, 어떤 관점에서 보면 앞서 말한 롱기스쿠아마파와 공룡파의 대립 양상과 비슷하다. 두 경우 모두 증거의 수가 많은 쪽과 적은 쪽이 대립했기 때문이다. 롱기스쿠아마파와 공룡파의 대결에서는 데이터의 수가 운명을 결정했다. 이미

만약 증거의 강력함을 논리정연하게 설명할 수 있으면, 양보다는 질로 이길 수 있다.

이런 일이 있을 수 있어?

증거 나름이지.

이야기했듯이 롱기스쿠아마파가 사실상 패배한 까닭은, 깃털이라는 증거가 다른 증거에 비해 강력한 이유를 제대로 설명하지 못해서 결국 증거의 압도적인 개수에 밀리고 말았기 때문이다. 즉, 롱기스쿠아마파는 확보한 데이터가 적었기 때문에 가설을 논증하는 과정에서 점점 세력이 약화되어 패배하고 말았다고 할 수 있다. 상식적으로 생각해도 군이 증거가 적은 쪽의 편을 들어줄 사람은 많지 않다.

이와 달리, 고래 하마 사촌설이 승리를 거머쥘 수 있었던 이유는 증거의 수가 많기 때문이 아니었다. 사인배열이 다른 증거에 비해 훨씬 강력하다는 이유를 논리정연하게 밝힌 덕분이다. 신중한 사람의 입장에서 이야기하면, 다른 증거의 도움도 받았기 때문에 옳은 주장임이 밝혀졌다고 말할 수 있다. 논리적으로 옳다고 주장하는 가설이 결과적으로 다른 데이터로부터도 지지를 받는다면, 결국 처음에 주장했던 가설을 뒷받침하는 증거가 확실했기 때문이라고 생각할 수 있다. 즉, 오카다 교수의 사인배열은 결정적인 증거인 '지문'이었던 것이다.

이처럼 결정적인 증거가 된 사인배열이란 도대체 뭘까?

🌱 데이터의 질은 어떻게 입증할까?

사인배열은 유전자 속에 숨어 있다. 유전자는 염기라고 부르는 화합물이 일직선으로 나란히 늘어선 것으로 그 배열방법에 따라 생물의 갖가지 특징이 결정된다. 유전자를 이야기할 때 배열이 이렇다 저렇다 말하는 것은 염기가 늘어선 방법을 말하는 것이다. 그러므로 유전자는 염기라는 화합물로 작성된 설계도라고 할 수도 있다. 혹은 염기는 네 종류이므로, 유전자를 네 종류의 알파벳으로 쓰인 책이라고 생각해도 괜찮다. 책의 내용은 다양해서 헤모글로빈의 구조에 대해 엄청나게 긴 문장으로 쓰여 있는 부분도 있고, 겉보기에는 무의미한 내용의 문장이 장황하게 이어지는 부분도 있다.

그러나 사인배열은 이런 긴 문장과는 전혀 다르다. 예를 들어 헤모글로빈의 구조를 설명하는 문장과 비교하면 매우 짧고, 염기의 수도 수백 개 정도밖에 되지 않는다. 입이 떡 벌어질 정도로 두꺼운 책에서 겨우 몇 백자밖에 안 되는 단문短文인 것이다. 또한 생물에 필요한 역할은 전혀 담당하고 있지 않은데다 제멋대로 자신을 복사하는 작업을 계속하기 때문에, 책 전체의 내용과는 상관없이 제멋대로 불어나는 짧은 글이라고 말할 수 있다. 게다가 이렇게 생겨난 복사본 속에는 유전자의 어딘가 다른 장소에 적당히 숨어들어 정착하는 성질이 있다. 이렇게 정착한 사인배열은

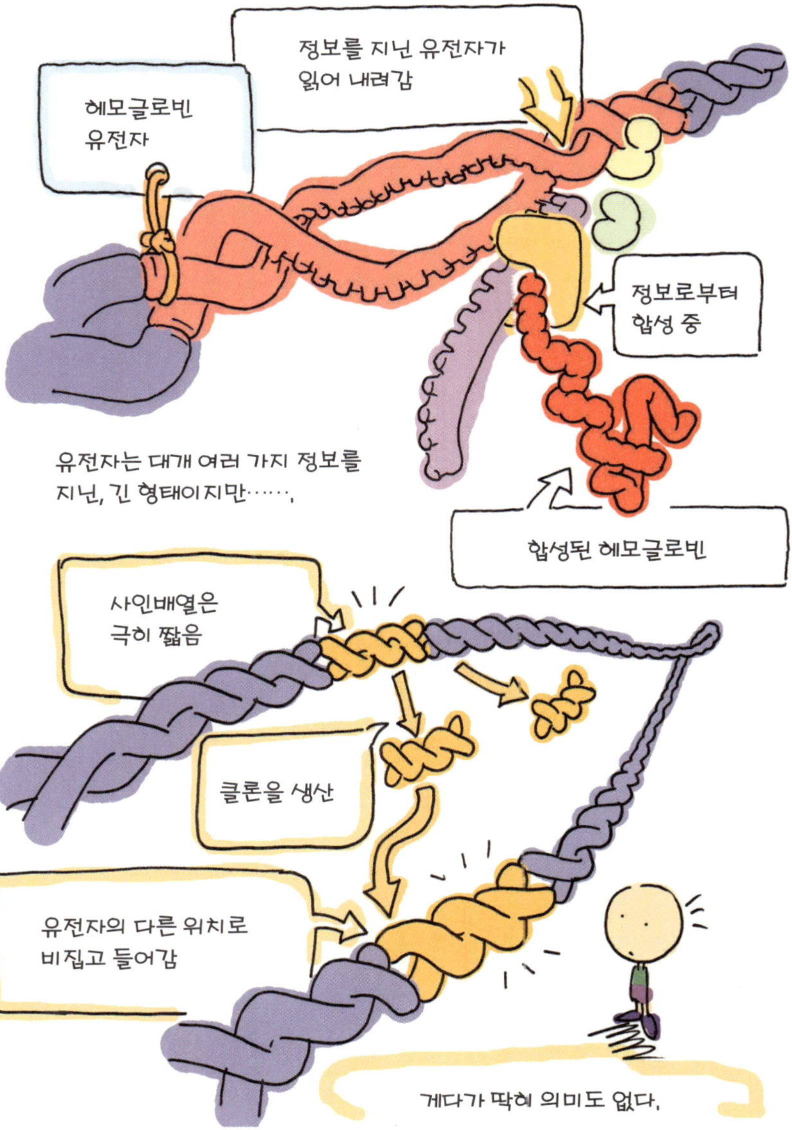

정보를 지닌 유전자가
읽어 내려감

헤모글로빈
유전자

정보로부터
합성 중

유전자는 대개 여러 가지 정보를
지닌, 긴 형태이지만……,

합성된 헤모글로빈

사인배열은
극히 짧음

클론을 생산

유전자의 다른 위치로
비집고 들어감

게다가 딱히 의미도 없다.

또다시 자신의 복사본을 만들어내는 과정을 반복한다. 민들레가 솜털을 날려 씨를 뿌리고, 머지않아 그 씨가 뿌리를 내리고 싹을 틔워 다시 솜털을 날리는 과정과 흡사하다. 혹은 유전자라는 책 120페이지에 쓰여 있는 단문이 벌떡 일어나 자신과 똑같은 내용의 문장을 325페이지에 부랴부랴 써 넣는 모습을 상상해도 좋다.

이런 점에서 사인배열은 기생 생물처럼 존재한다고 볼 수 있다. 사인배열은 유전자 위를 근거지로 삼아 스스로 증식하는 한편, 유전자 자체가 복제될 때 같이 복제된다. 그래서 정자와 난자가 생성되면 당연히 그 속에도 사인배열이 잠입해 있다. 이렇게 부모에서 자식으로, 자식에서 손자·손녀로, 우리의 계보 속으로 은밀하게 사인배열이 전해지는 것이다. 두말할 것 없이 우리 세포 한 개의 유전자 속에도 사인배열이 존재하며 지금도 열심히 자신의 복제물을 만들어내고 있을 것이다.

사인배열은 바로 이런 특이한 성질 때문에 생물의 진화를 탐구하는 효과적인 도구가 될 수 있다. 예를 들어 어떤 생물의 유전자에 사인배열 A가 있다고 가정하자. 앞에서 예를 들었듯이 유전자가 책이라면, 이 책의 120페이지에 사인배열 A라는 짧은 글이 숨어 있는 것이 된다. 이제 수백만 년의 시간이 흘러 이 생물로부터 새로운 두 종의 생물이 진화했다고 하자. 한 종은 강가에, 다른 한 종은 숲에 정착했다고 상상하면 된다. 필시 이 두 종의 생물 모두 유전자 120페이지에 동일한 사인배열 A를 지니고 있을 것이다. 이는 아주 먼 옛날에 존재했던 선조로부터 물려받은 것이다. 즉, 같은 사인배열을 지닌 동물은 사촌지간이라고 결론지을 수 있다. 이처럼 사인배열은 어느 생물이 어느 생물과 가까운지를 아는 실마리인 것이다.

잠깐, 이 정도라면 사인배열이 다른 증거보다 특별할 것이 없지 않은

유전자 A지점에
사인배열을 지닌 선조 X

선조 X로부터 자손 Y와 Z가
진화했을 때, Y와 Z는 유전에
의해 사인 A를 물려받는다.

유전자 A지점에 사인 A

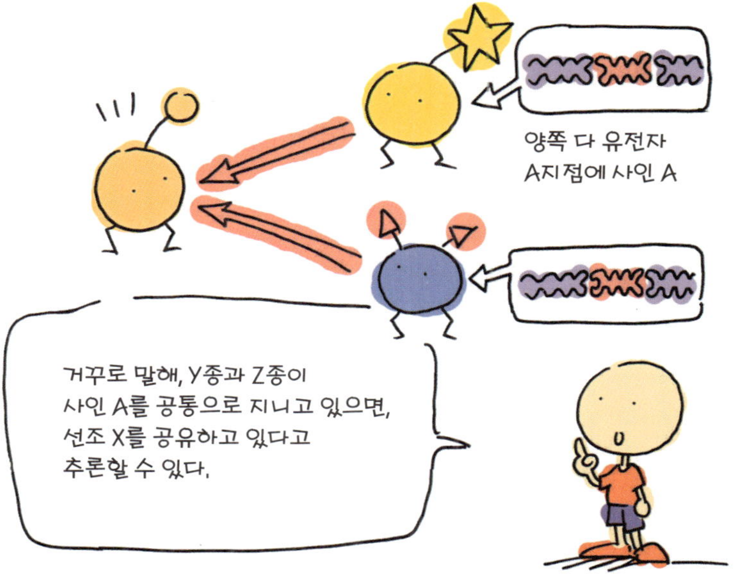

양쪽 다 유전자
A지점에 사인 A

거꾸로 말해, Y종과 Z종이
사인 A를 공통으로 지니고 있으면,
선조 X를 공유하고 있다고
추론할 수 있다.

가. 실제로 생물이 지닌 특성이 유전된다고 하면, 어떠한 것이라도 혈연 관계나 진화의 상태를 아는 단서가 되지 않을까? 우리가 부모와 자식의 이목구비를 비교해서 공통점을 찾는 것처럼 말이다. 이것은 공통점을 찾아 계보를 알려고 하는 행동과 다르지 않으며, 그렇게 따지면 깃털도 충분히 훌륭한 단서가 될 수 있다. 그러나 롱기스쿠아마파는 패배했고 사인배열은 아직 건재하다. 왜냐하면 사인배열은 깃털보다 훨씬 강한 증거였기 때문이다. 무엇이 그렇게 강했던 걸까?

🌱 같을 때에는 더 강력하다고 주장할 수 있어야 강한 증거

이 세상에는 얼핏 똑같아 보여도 자세히 조사해 보면 엄연히 다른 경우가 있다. 증거도 마찬가지여서 그럴싸하게 보였던 증거도 사실은 엉터리인 경우가 있다. 만약 어떤 사람이 갑자기 당신에게 다가와 따져 묻는다고 해보자.

"현관이 진흙투성이던데, 네 발자국 아니야?"

그런 기억이 전혀 없는 당신은 현관에 가서 발자국을 보고 이렇게 대답한다.

"뭐야, 이건 내 발자국이 아니잖아."

"뭘, 네 발자국이랑 비슷한데."

"자세히 좀 봐, 신발바닥 무늬도 내 신발이랑 약간 다르고 크기도 더 크잖아."

이렇게 지적당하면, 그 사람은 그냥 물러날 수밖에 없다. 현관의 발자국이 당신의 발자국이라고 생각했는데 자세히 보니 그게 아니었기 때문이다. 이렇게 증거와 가설이 들어맞지 않는다는 사실을 알았을 때는 증거뿐 아니라 가설까지도 도미노처럼 와르르 무너질 수 있다. 롱기스쿠아마

같다고 생각했던 증거가
다르다는 것을 알아차리면……,

이 증거에 의존했던
추론까지 무너질 수도 있다,

파가 바로 이런 운명을 맞이한 것이다.

그러나 사인배열은 결코 오해의 소지를 불러일으키지 않는다. 두 사인배열의 기원이 같은지 확실히 알 수 있기 때문이다. 이를 다음의 두 가지 사항에 주목해서 설명해 보겠다.

1: 유전자는 생물의 설계 과정을 기록한 책이다.
2: 사인배열은 이 책에 비집고 들어온 이상한 단문이다.

　　일단 첫 번째 사항에 대해 생각해 보자. 당신은 선생님이다. 학생들에게 과제로 내준 독후감을 검사하면서 점수를 매기고 있다. 그런데 어떤 학생의 독후감을 읽다 보니 묘한 의구심이 들었다. '어디서 본 내용 같은데…….' 문득 무언가 떠오른 당신은 급히 컴퓨터를 켜고 자신의 블로그에 들어가 과거에 썼던 독후감을 찾아서 비교해 본다. 비슷하다. 아니, 아예 똑같다. 이 학생은 운 나쁘게도 당신의 블로그에서 독후감을 베낀 것이다.

　　당신의 추리에 많은 사람이 고개를 끄덕일 것이다. 그렇다면 이런 추리와 확신의 근거는 무엇일까? 그것은 아마도 다음과 같은 이유 때문일 것이다. 사람이 쓰는 문장은 거의 무한에 가까울 정도로 다양하다. 그래서 단어나 문체가 비슷하면 그러려니 해도, 독후감처럼 긴 글이 토씨 하나 안 틀리고 똑같다면 우연이라고 말하기 어렵다. 그래서 사람들은 우연의 일치라는 턱없는 주장보다 두 개의 독후감이 똑같다는 당신의 추리를 선택하는 것이다. 물론 당신은 자신의 블로그에 올린 독후감이 원본이라는 사실을 알고 있다. 그렇다면 당연히 이 학생이 제출한 독후감은 당신의 독후감을 그대로 베낀 복사본이 되는 것이다.

　　필자도 이런 일을 겪은 적이 있다. 어떤 책의 내용과 어느 홈페이지의 내용이 우연이라고 하기엔 무색할 정도로 똑같은 것이었다. 따져보니 무려 문자의 80퍼센트 이상이 완전히 일치했다. 굳이 다른 점을 찾자면 표현법 정도? 이쯤 되면 더는 변명할 여지가 없지 않을까. 아무래도 이 부분을 담당했던 집필자가 홈페이지의 내용을 고스란히 베낀 듯했다. 이처

문자의 대부분, 문장의 대부분이 우연히 일치할 가능성은 거의 없기 때문에 같은 것 (복사본)이라고 생각할 수 있다.

잠깐!! 표절이잖아!

쳇

하긴, 80퍼센트나 베꼈으면 누구나 눈치 채겠지만……,

럼 문자 수가 많을수록, 두 글의 출처가 같은지 아닌지 판단하기가 쉬워 진다.

어쨌든, 표절 운운하는 이야기는 일단 제쳐놓고, 독후감을 유전자라 고 생각해 보자. 앞서 말했듯이 유전자는 네 개의 알파벳으로 쓴 책이다. "고작 네 종류의 알파벳으로 얼마나 다양한 글을 쓸 수 있겠어?"라고 무 시하는 사람도 있겠지만, 염기 세 문자로는 4의 세제곱, 즉 64종류의 조 합이 가능해지므로, 염기 수백 자로는 4의 수백 제곱의 조합이, 수천 자로 는 4의 수천 제곱의 조합이 가능해져, 그 수는 천문학적으로 늘어난다. 그 래서 이 책의 수백, 수천 자가 우연히 일치하는 일은 절대 일어날 수 없는 것이며, 독후감 이야기처럼 두 종류의 유전자가 대체적으로 일치한다면, 이 유전자의 기원이 같다고 판단할 수 있다.

그럼 다음으로 두 번째 사항에 대해 생각해보자. 독후감 채점을 계속

하고 있는 당신의 눈에 또다시 이상한 점이 포착되었다. 두 학생의 독후
감이 묘하게 비슷한 것이다. 이 정도는 눈감아줄까도 생각했지만, 하필
다음과 같은 부분이 일치하는 것이 아닌가?

- 여기서 작가가 생각하고 주인공이 우유부단하게 그려진 것은, 오히
려 작가가 임상의로서 겪은 경험이 있는 것은 제1장에서 말한 내용의 재
탕삼탕으로서 -

보시다시피, 이것은 이른바 오식誤植(잘못된 글자나 틀린 글자를 인쇄
함-역주)이다. 그것도 중간에 전혀 상관없는 내용의 문장이 느닷없이 들
어와 있는, 심각한 수준의 오식이다. 도대체 뭘 어떻게 했기에 이 지경이
되는 걸까. 생각하는 것만으로도 머리가 지끈거리지만, 역시 가장 높은
가능성은 홈페이지나 다른 자료의 텍스트를 복사해서 마구잡이로 붙여
넣을 경우다. 그래서 잘못된 위치에 문장이 삽입된 것이다(컴퓨터로 작업
할 때는 가끔 일어나는 실수다). 이런 커다란 실수를 했는데도 두 학생의
독후감이 일치한다면, 한 학생이 다른 학생의 독후감을 그대로 베낀 것이
틀림없다. 하다못해 나중에 한 번 읽어보기라도 했으면 이런 일이 일어나
지 않았을 텐데……. 그 학생을 불러 캐물으니 이렇게 대답한다.

"네, 인터넷에서 베낀 건 사실입니다. 그렇지만 다른 학생의 독후감을
그대로 베껴서 내는 짓은 하지 않았습니다. 네, 정말입니다. 네? 똑같은
위치에 똑같은 문장이 잘못 삽입되어 있다고요? ……아뇨 아뇨, 그건 그
냥 우연일……."

뭐, 이런 변명을 믿어줄 사람은 거의 없을 것이다. 재차 강조하지만
짧지 않은 글이 토씨 하나 안 틀리고 똑같을 가능성은 거의 제로에 가깝

아데닌(adenine)은
티민(thymine)과,
구아닌(guanine)은
시토신(cytosine)과 대응한다.

유전자는 네 종류의
염기로 이루어져 있다.

아데닌   티민   구아닌   시토신

A, T, G, C의 배열이
생물의 다양한 정보를
지정한다.

그렇다면……,

같은 배열?

몇 백, 몇 천의 염기가
우연히 일치할 가능성은
제로에 가깝다.

다. 그러므로 이런 경우에는 한 학생이 다른 학생의 독후감을 베끼고 이름만 바꿔서 냈다고 생각할 수밖에 없는 것이다. 필사적으로 변명을 늘어놓는 학생에게 설득당할지, 아니면 기가 막혀서 당장 내쫓아버릴지는 당신이 내릴 결정이지만 말이다.

⊕ 그 둘은 같다

사인배열도 앞에서 예로 든 독후감 이야기와 마찬가지다. 두 유전자의 같은 위치에 같은 내용의 사인배열이 각각 들어가 있다면, 이 두 유전자의 출처가 같다고 볼 수 있다. 이것은 깃털이 한 번만 진화했다는 등의 과학적인 근거가 없는 속설이 아니다. 위의 비유에서처럼 순수하게 논리적인 가정이며, 많은 사람이 납득할 수 있는 이야기이다. 그리고 바로 이것이 사인배열을 강하게 만드는 힘이고 논리다. 일찍이 이 논리를 무너뜨린 사람도 없었거니와, 생물이 지닌 특성의 공통점과 차이점을 이렇게까지 간단명료하게 보여준 증거도 없었다. 이 논리적인 구조가 사인배열을 단순한 증거에서 '지문'으로 끌어올렸다. 오카다 교수 연구팀이 조사한 바에 따르면 고래와 하마만이 같은 사인배열을 지니고 있었다. 사인배열에 의하면 고래와 사촌인 우제류는 하마라는 결론이 나오는 것이다.

그러나 여전히 사인배열의 논리성이나 힘은 이해하지만 고래와 하마가 사촌지간이라는 주장은 인정하지 않는 사람도 있는 듯하다. 많은 연구자들도 아직 갈피를 못 잡고 있는데다 이 결론에 대항하는 사람도 꽤 있으며, 고생물학자도 이 결론에 굉장히 신중한 태도를 보인다. 고래 하마 사촌설에 대항하는 고생물학적인 데이터를 가지고 있기 때문이다. 그러나 아이러니하게도 사인배열을 강하게 만든 획기적인 증거 중 하나는, 사실 바로 이 고생물학의 세계에서 왔다.

염기를 비교해 보면 사인배열의
내용과 들어와 있는 위치가
같은지를 조사할 수 있다.

두 사인배열의
염기가 같아.

염기를 보니
들어와 있는 위치도 같아.

두 개의 증거가 확실히
일치한다면, 그것은 강력한
증거가 된다.

우왓!

잃어버린 데이터를
과거에서 발견하다

🌱 지금은 사라지고 없는 데이터

고래와 하마, 이 두 동물은 얼핏 보기에도 다르며 이 둘이 근연종임을 암시하는 외형상의 증거는 오늘날 거의 남아 있지 않다. 왜 이렇게 된 것일까? 고래와 하마는 5000만 년도 더 전에 각자 전혀 다른 환경에 적응하여 진화했기 때문이다. 특히 고래의 변모는 엄청나서, 다른 동물과는 비교하기조차 어렵게 되었다.

그러나 아무리 엄청난 변모를 했더라도 우리는 고래의 진화와 변모과정을 알아낼 수 있다. 진화이론의 시조 다윈Charles Robert Darwin이 150년 전에 밝혔듯이, 진화란 서서히 조금씩, 그리고 천천히 진행된다. 산이 비바람에 깎여 언덕이 되듯이, 작은 시내가 조금씩 대지에 깊은 골짜기를 파듯이, 진화에는 비약飛躍(어떤 생물이 진화할 때 점진적인 단계를 거치지 않고 여러 단계를 한 번에 뛰어넘는 일-역주)이 일어나지 않는다. 고래와 하마의 차이도 모래시계의 모래가 떨어져 쌓이듯이 작은 변화가 누적된 결과이기 때문에 변모 과정과 그에 대한 기록이 모두 남아 있다면, 아무리 큰 변화라 하더라도 우리가 충분히 전 과정을 추적할 수 있을 터이다.

그렇다면 왜 추적할 수 없는 걸까? 그 이유는 거의 모든 데이터가 사라졌기 때문이다. 어떤 종족이든 결국은 멸종한다. 실제로 현재 지구에 사는 생물의 종류는 지금까지 존재했던 숱한 종족의 수에 비하면 새 발의

진화는 서서히
진행되기 때문에 원래
모든 생물은
연결되어 있다.

그러나 그 과정이
보이지 않으면
두 생물 사이에
단절이 생긴 것처럼
보인다.

피에도 못 미치는 정도다. 다른 모든 생물은 멸종하여 지구상에서 자취를 감추고 말았다.

진화에는 비약이 없으며 그 과정은 모두 연결되어 있다. 그러나 종족의 멸망은 이러한 연속적인 과정에 구멍을 내버린다. 빨강에서 파랑으로 이어지는 아름다운 그러데이션gradation을 그렸다 해도, 중간을 싹둑 잘라버리면 양쪽 끝에 있는 빨강과 파랑의 차이만이 강조되어, 연속된 색이 아닌 따로따로 존재하는 별개의 색으로 보일 것이다. 진화의 단절도 이와 같은 이치이다.

현존하는 생물을 통해 알 수 있는 점은 많다. 그러나 현재의 생물이 진화를 탐구하는 데이터로서 너무 불완전하다는 점은 부정할 수 없다. 고래와 하마가 근연종이라는 주장에 당황하는 자체가 이미 '어째서 우리 곁에는 빈약한 데이터만 남아 있을까?'라는 의문을 보여준 것이나 마찬가지다.

어떻게 하면 이 문제를 해결할 수 있을까? 데이터가 사라지고 없어 간격과 단절이 생겼다면, 대답은 간단하다. 과거의 데이터를 찾아내 그걸로 단절을 메워주면 된다. 그리고 그 데이터는 바로 지층 속에 있다.

🌱 지층에서 과거의 데이터를 발굴하다

척박한 대지가 펼쳐진 파키스탄.Pakistan 이곳에는 약 5000만 년 전에 퇴적된 지층이 있다. 옛날 이곳에는 따뜻하고 얕은 바다가 있었으며 이 바다로 강이 흘러들었다. 여기서 발견한 것이 앞에서 등장했던 암블로세투스이다. 비록 겉모습은 고래와 사뭇 다르지만, 암블로세투스는 엄연히 고래의 계보를 잇는 후손이다. 귀뼈의 특징이 고래의 그것과 일치하며, 이빨도 마찬가지다. 단, 암블로세투스의 이빨은 현대의 고래보다 고대에

일본 국립과학박물관^{國立科學博物館}에 있는
암블로세투스의 머리 부분. 괴이한 모양의 이빨이 나 있는 점이
원시적인 고래, 도루돈과 비슷하다.

사진: 일본 국립과학박물관

같은 박물관에 있는 도루돈의 골격.
작은 뒷다리가 있는 것을 알 수 있다.

사진: 일본 국립과학박물관

번성했던 원시 고래의 이빨을 닮았다. 그래서 현대의 고래와 암블로세투스를 나란히 놓고 보면 두 동물의 차이가 너무나 확연해 암블로세투스가 고래의 후손이라는 사실을 믿기 어려울 정도다.

그러면 여기에 암블로세투스보다 좀 더 이후의 시대에 존재했던 도루돈Dorudon이라는 원시적인 고래를 데려와 보자. 도루돈은 뒷다리가 아직 남아 있지만 거의 퇴화했으며, 꼬리지느러미를 지탱하는 튼튼한 꼬리뼈가 있다는 점에서 현대의 고래와 비슷하다. 그러나 이빨의 형태는 암블로세투스와 비슷해 마치 도루돈이 암블로세투스와 현대의 고래를 연결해주는 고리처럼 느껴진다.

빨강과 파랑을 직접 비교해보면 그 차이는 매우 크지만, 중간에 보라색을 넣으면 차이는 어느 정도 완화된다. 도루돈이 바로 이 보라색의 역

도루돈Dorudon
약 3700만 년 전에 아메리카 남동부에서
북아프리카에 걸쳐 서식,
몸길이는 약 7미터 정도,

할을 한다고 보면 된다. 각각의 개체를 놓고 보았을 때, 암블로세투스를 고래라고 인식하기는 어렵다. 그러나 수많은 화석을 비교해 보면 차이점이 점점 줄어, 결국은 이 동물들이 연속된 계보의 일부분이라는 사실을 이해할 수 있다. 다윈은 화석이 생물 사이의 단절을 메운다고 주장했는데, 그의 말대로 화석을 이용해 생물의 역사와 계보를 재현하는 일이 실제로도 가능한 것이다.

이런 증거를 발견했음에도 고생물학자들은 고래와 하마가 근연종이라는 가설에 굉장히 회의적이었다. 그들은 고래와 거의 똑같은 형태의 이빨이 나 있는 메소니키드류^{mesonychids}라는 멸종한 종족을 발견했기 때문이다. 골격의 특징만 보면 메소니키드류는 우제류와 가까운 동물이며 발굽도 있다. 그러나 의외로 메소니키드류는 육식 동물이다. 고양이나 개처

럼 갈고리 모양의 발톱은 없지만 강력한 턱과 이빨을 자랑하는 동물이다. 또한 머리가 크며 얼굴은 늑대를 닮았다. 우제류와 가까우면서 원시 고래와 거의 똑같은 이빨이 나 있는 육식 동물. 고생물학자들은 이러한 특징을 보고 "고래가 우제류와 가까운 사이지만 고래가 우제류 그 자체라는 직접적인 증거는 없다."는 예전의 정설을 떠올린 것이다. 메소니키드류는 우제류와 가깝지만, 우제류 그 자체는 아니며 이빨이 원시 고래의 그것과 비슷하다. 고생물학자들이 고래와 하마 사촌설을 인정하지 않았던 이유도 바로 이 때문이다. 메소니키드류는 실로 완벽하게 정설에 꼭 들어맞는 이상적인 고래의 선조였기 때문이다.

⊕ 파키세투스의 의미

메소니키드류라는 증거에 맞서기라도 하듯이, 화석 데이터 중에는 고래가 우제류라는 사실을 보여주는 것이 있다. 파키스탄에서 원시 고래에 대한 연구를 하고 있는 트위센^{Thewissen} 박사는 자신의 논문에서 원시 고래의 귀뼈와 우제류의 귀뼈가 비슷한 특징을 공유한다는 사실을 보고했다. 여기서 멈추지 않고 파키스탄 지층에서 발견한 뼛조각 중에 복사뼈가 있는 점, 크기를 보면 분명히 고래의 화석인데 형태는 우제류와 비슷한 점에 대해서도 밝혔다. 이렇게 고래가 우제류라는 것을 암시적으로 보여주는 증거를 발견한 이후, 2001년, 트위센 박사는 뒤꿈치에 소와 똑같은 형태의 복사뼈가 있는 원시적인 고래 파키세투스^{Pakicetus}의 거의 완전한 골격을 보고하였다.

파키세투스는 늑대만 한 크기의 동물로, 그 모습만 놓고 보면 고래의 혈족과는 거리가 멀어 보인다. 커다란 머리, 날씬한 팔다리, 탄력 있는 등, 튼튼한 꼬리. 이빨이나 머리, 귀의 구조 등은 확실히 원시적인 고래의 특

시노닉스 ^{Sinonyx}
약 5000만 년 전 중국에
살았던 메소니키드류.
몸길이 1.2미터 정도.

사진: 일본 국립과학박물관

이빨의 형태는
원시적인 고래와
비슷하지만,
복사뼈는 우제류와
비슷하다.

이빨이 비슷함

정설은 고래가 우제류보다
메소니키드류와
가까운 사이라고 주장했다.

51

징을 보이지만, 전체적인 모습은 육상 동물 쪽에 더 가깝다. 수영하는 것보다 달리는 데에 적합한 구조인데다, 몸 여기저기서 우제류와 비슷한 특징을 볼 수 있기 때문이다. 그중에 제일 눈에 띄는 특징이 뒤꿈치의 복사뼈로, 그 모양과 특징이 우제류의 복사뼈와 똑같다. 이에 반해 지금까지 고래와 가까운 동물이라고 여겨진 메소니키드류에서는 우제류와 똑같은 복사뼈가 발견되지 않았다.

소와 똑같은 복사뼈를 갖고 있는 원시 고래, 파키세투스. 이 놀랄 만한 모습을 어떻게 해석해야 할까? 적어도 한 가지 확실하게 말할 수 있는 것은, 지금까지 고생물학자가 생각했던 것 이상으로 고래의 선조는 우제류와 가까웠다는 사실이다. 파키세투스의 발견으로 갑자기 정설이 흔들리기 시작했다. 이러한 동요가 의미하는 것은 뭘까? 그건 바로 파키세투

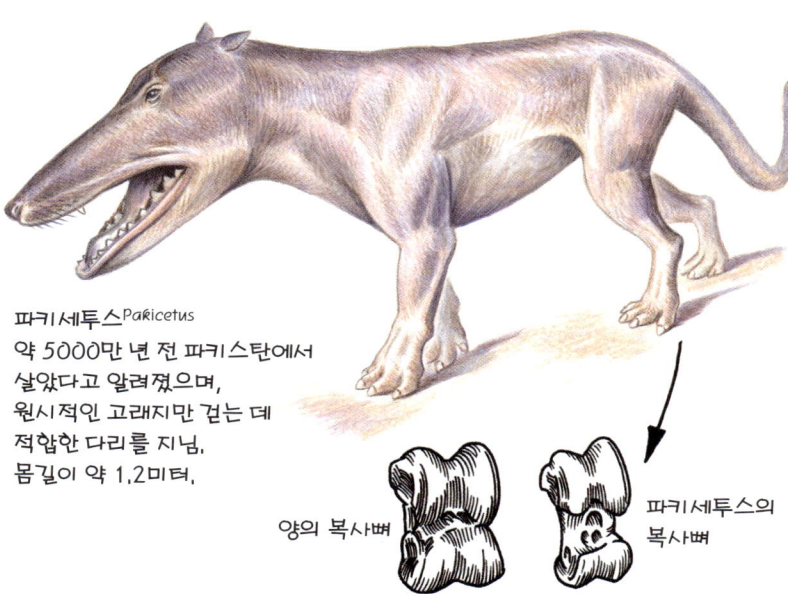

파키세투스Pakicetus
약 5000만 년 전 파키스탄에서
살았다고 알려졌으며,
원시적인 고래지만 걷는 데
적합한 다리를 지님.
몸길이 약 1.2미터.

양의 복사뼈

파키세투스의
복사뼈

스가 정설보다 고래 하마 사촌설 쪽을 뒷받침한다는 것이다. 고래 하마 사촌설의 타당성이 사인배열과 완전히 별개의 방법론인 고생물학적인 데이터로부터도 지지를 받기 시작한 것이다.

🌱 데이터가 가설을 뒷받침한다는 것은 어떤 의미일까?

신중한 사람 혹은 회의적인 사람은 다음과 같이 생각할지도 모른다.

파키세투스. 그 단 하나의 증거가 고래 하마 사촌설을 지지한다고 해서 뭘 어쩌겠다는 거지? 아직 결론은 나오지도 않았잖아!

확실히 맞는 말이다. 하나의 증거가 대립하는 가설 중 한쪽을 지지하

일본 국립과학박물관의 파키세투스. 귀나 이빨을 보면 원시적인 고래인 것을 알 수 있지만, 우제류의 특징도 남아 있다.

사진: 일본 국립과학박물관

거나, 지지하는 듯 보이는 것은 단순한 우연일지도 모른다. 그리고 대부분의 가설이 한번 흔들리는 정도로 완전히 무너져버리지는 않는다. 어떤 사람은 이렇게 말할지도 모른다.

그래, 화석은 사라진 데이터를 발견하는 하나의 방법일지도 몰라. 그렇지만 아무리 생각해도 화석 따윈 증거로서 불완전하잖아. 화석이라는 지극히 단편적인 데이터로 역사 전체를 논하는 건 무모한 게 아닐까?

지당한 말이다. 적어도 처음 두 문장은 말이다. 실제로 고생물학자들은 대부분 화석이 기록으로서는 불완전하다는 사실을 충분히 알고 있다. 150년 전 다윈도 화석 기록이 불완전하다고 자세히 설명한 바 있기 때문이다.

그러나 동시에, 다윈은 화석 기록이 중대한 정보원임을 인정하고 그것을 기반으로 하여 자신의 진화이론을 완성했다. 결국 대부분의 고생물학자는 다음과 같이 생각하는 것이다. '현존하는 생물은 데이터로서 불완전하다. 왜냐하면 지금까지 존재했던 생물의 대부분이 멸종해서 지금은 극히 일부분만 남아 있기 때문이다. 화석은 이 공백을 메워주지만, 이 또한 불완전하기는 마찬가지다. 그렇지만 여전히 현재의 생물과 화석이 모두 유효한 데이터라는 점은 의심할 여지가 없다'고 말이다.

물론 이 이야기가 앞의 질문에 대한 대답이 되지는 않는다. 그러나 여기서 중요한 것은 연구자가 왜 현존하는 생물과 화석을 유효한 데이터라고 생각하느냐이다. 바로 그 이유를 물어야 훌륭한 질문이라 할 수 있다.

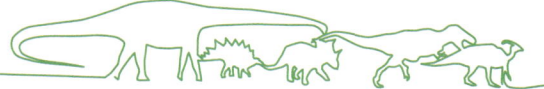

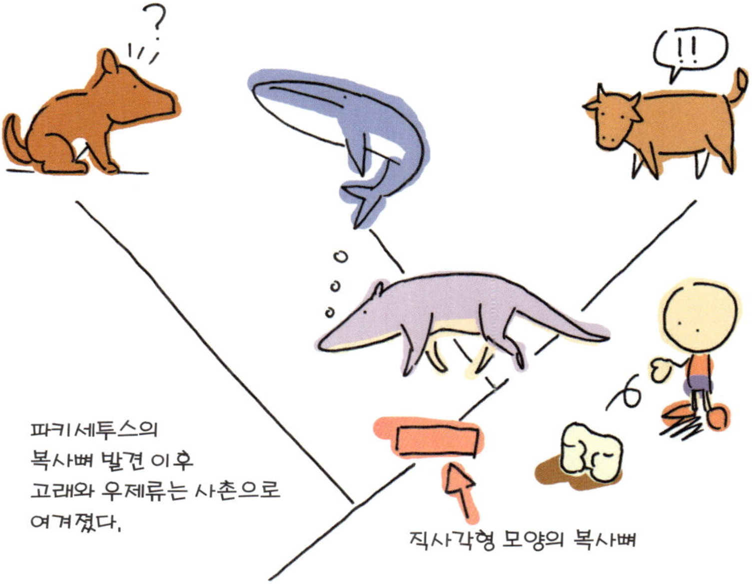

파키세투스의
복사뼈 발견 이후
고래와 우제류는 사촌으로
여겨졌다.

직사각형 모양의 복사뼈

파키세투스는 물속을 걸어 다녔을 것으로 추정된다.
이 점은 나중에 등장하는 인도휴스^{Indohyus}와 비슷하다.

일부분으로
전체를 추론한다

🌱 나는 어떻게 판단할까?

그럼 여기서 잠깐 다음 내용을 생각해 보자. 당신의 눈앞에는 검은 점
이 여러 개 그려져 있는 모눈종이가 있고, 이 종이의 가로축에는 1학년, 2
학년……6학년이라고, 세로축에는 100센티미터, 110센티미터……라고
쓰여 있다. 모눈종이에 ○×초등학교, 재학생 신장이라고 쓰여 있는 것을
보니, 종이에 찍혀 있는 점은 이 초등학교에 다니는 학생의 학년별 키를
나타낸 듯하다. 점은 10개 남짓으로 학생 수라고 하기엔 너무 적은데, 그
이유는 잘 모르겠다. 전교생 수가 10명 정도로 규모가 매우 작은 초등학
교일 수도 있고, 재학생 1,000명 중에서 무작위로 열 명을 뽑아 키를 쟀을
수도 있다. 어쨌든 당신에게 이 자료를 이용해 그래프를 완성하라는 과제
가 주어졌다. 약간 과장해서 말하자면, 인류라는 종의 어린 시절 성장패
턴을 겨우 열 개의 자료로 나타내보라는 것이 되겠지만, 그렇다고 이런
질문에 망설일 사람은 거의 없다. 점의 분포를 따라 선을 오른쪽 위로 쭉
그어버리면 그만일 테니 말이다. 그래프를 정확하게 그렸냐고 물어보면,
당신은 완벽하다고 자신할 순 없지만 아예 틀린 답이라고는 하지 않을 것
이다.

이어지는 과제가 하나 더 있다. 내용은 거의 비슷하지만, 점의 분포가
아까와는 달리 조금 흩어져 있어 그래프를 여러 줄 그려야 할 것 같다. 어
떻게 해야 하나 고민하고 있는데, 문제를 낸 사람이 다가오더니 "아, 열한

극히 일부의 데이터로
전체를 추론하는 일은 가능하며,
이런 경우는 흔하다.

극히 일부
+1의 데이터로 답을
결정하는 일도 있다.

이런 데이터가 완벽한 답이라고는 단언할 수 없다.
그러나 아무 의미가 없는 것도 아니다.

번째 점을 찍는 걸 깜박했네."라고 말하고는 종이에 점 하나를 더 찍고선 사라졌다. 새로운 점의 위치를 본 당신은 결정을 내리고 한 줄의 그래프를 그린다. 이것이 정확한 그래프인지 물어보면 당신은 처음에 그린 그래프에 비해 자신이 없어 어깨가 약간 움츠러들겠지만, 이 또한 완전히 틀렸다고 하진 않을 것이다.

🌱 전부 다 보지 않으면 아무 말도 할 수 없다?

이렇게 그래프를 그리는 것은 누구나 다 아는 지극히 당연한 방법이지만, 파키세투스의 발견에 대해 앞에서처럼 의문을 품는 사람들, 즉 "단 하나의 종족 화석이라는 불완전한 데이터로 무엇을 증명할 수 있단 말인가?"라고 말하는 사람들은 아마 다음과 같이 주장하며 이 방법을 쉽게 인정하지 않을 것이다. "단 열 개의 데이터로부터 인류의 성장이라는 얼토당토않은 결론을 이끌어낼 수 있단 말인가? 한국에는 적어도 300만 명이상의 초등학생이 있는데, 사용된 데이터는 그중에 겨우 열 명, 전체의 30만분의 1뿐이지 않나. 그리고 그래프를 어떻게 그릴지 몰라 망설일 때, 새로 한 명을 추가하는 것만으로 당신이 어떻게 그래프를 그릴지 결단을 내릴 수 있다는 게 말이 되나? 30만분의 1에 겨우 한 사람 보태는 것, 겨우 그것뿐이지 않은가."

참으로 타당한 반론이다. 그러나 만약 이 반론이 진리이고 여기에 따라야 한다면 어떻게 될까? 아마도 이 그래프를 그리려면 한국의 모든 초등학생의 키를 재어야 할 것이다. 아니, 그걸로 부족해서 전 세계의 초등학생을 조사해야 할 것이다. 아니, 아니, 전 세계로도 부족하다. 앞으로 태어날 아이들까지도 조사해야 한다. 물론 이 방법이 가장 정확하긴 하지만, 이는 거꾸로 말해 하나도 빠짐없이 조사하지 않으면 어떤 결론도 내

이걸로 스무 번째
바구니인데
파란 구슬은 없어.

빨간 구슬 속에
파란 구슬이 어느 정도
섞여 있는지 알려면
어떻게 해야 좋을까?

전부 조사해 볼 셈이야?
그건 무리라고.

전부 다 조사해 보지 않고
알 수 있는 것도 있어.

이 정도면,
파란 구슬이 없다고
해야 하지 않을까?

릴 수 없다는 말이 된다. 참으로 불편한 사고방식 아닌가.

필자가 지금껏 만난 사람을 예로 들어보자. 인사만 나눈 사람까지 포함하더라도 아마 수백 명 정도밖에 되지 않을 것이다. 가령 천 명이라고 해도 전 인류의 600만분의 1도 되지 않는다. 그러니 나는 절대로 인간에 대해서 섣불리 이야기할 수 없다는 말이 된다. 필자뿐만이 아니다. 이런 논리대로라면, 감히 인간에 대해 이야기할 수 있는 사람은 아마 단 한 명도 없을 것이다.

마찬가지로 천문학자는 별에 대해 어떤 주장도 해선 안 될 것이다. 인간이 관측한 천체가 아무리 많다 하더라도 우주 천체에 비하면 극히 일부분이기 때문이다. 나아가 만유인력도, 상대성이론도 그 가치를 잃게 될 것이다. 수백억 개나 되는 다른 우주에서 이 이론이 실제로 증명되었다 하더라도, 전 우주에 비하면 너무나도 빈약한 데이터가 되고 만다.

아침도 마찬가지다. 우리가 지금까지 맞이한 아침이 아무리 많다 해도 모든 아침에는 비할 바가 못 된다. 전부를 보지 않고서는 아무 주장도 할 수 없다면, 우리가 내일 또다시 태양이 떠오를 거라고 단언하는 일은 영영 불가능하다. 지금부터 떠오를 모든 태양을 지켜보기 전에 인류는 멸망해 버릴 것이기 때문이다. 일상생활에서도 지장을 겪을 것이다. 예를 들어 당신이 태어나서부터 지금까지 먹은 빵은 이 세상에 존재하는 빵 중 극히 일부이기 때문에 지금 눈앞에 빵이 있다 해도 그게 진짜 빵인지 확신할 수가 없다. 일부분의 데이터로는 어떤 주장도 할 수 없다고 말하는 사람은, 바로 눈앞에 빵을 놓고도 이걸 먹을 수 있는지 없는지 모르겠다고 말하는 것과 다를 바 없다. 어떤 소설을 보면, 성냥을 사러 가서 모든 성냥에 불이 붙는지 일일이 켜서 확인해 보는 바보 같은 인물이 나오는데, 딱 그 인물과 마찬가지다.

일부분의 데이터로
전체를 추론할 수 없다면?

이 빵, 곰팡이가 피었지만
먹을 수 있을지도 몰라.

아니야, 이 빵은
못 먹는다니까.

아냐, 아냐,
곰팡이가 슨 빵을 전부 다
먹기 전까지는 모르는 일이지.

곰팡이 핀 빵은
얼마든지 있다고.

⊕ 일부분으로 전체를 추론한다

전체를 다 확인해 보았을 때가 가장 정확하다는 말은 틀림없는 사실이다. 일부분이 이렇다 해서 무조건 전체도 이러하리라 판단해서는 안 된다는 말도 대부분 옳다. 정작 문제는 다음과 같이 판단하는 것이다.

그러니까 일부분만 보아서는 아무 결론도 내릴 수 없어

가령 이렇게 생각하는 사람이 있다고 해도 그 사람이 모든 것을 확인해 봤을 리 만무하다. 두 눈으로 모든 것을 직접 확인해 보려면, 우리가 불멸의 생을 살아야 하는데 그 자체가 이미 불가능하지 않은가.

무엇보다 우리가 경험한 바에 의해, 이것이 잘못된 생각이라고 말할 수 있다. 일부분만 보고도 결론을 내릴 수 있는 일이 나름대로 있기 때문이다. 초등학생이 빠른 속도로 성장한다는 사실은 한 학교만 보더라도 명백하다. 물론 열 개의 점만으로는 그다지 정확한 그래프를 그릴 수 없을지도 모른다. 그러나 결론이 완전히 틀렸다고도 할 수 없다. 만약 30만분의 1의 데이터라 하더라도, 이것을 본 당신이 초등학생은 학년이 올라감에 따라 키가 작아진다거나, 커졌다 작아졌다 한다고 주장을 하지는 않을 테니 말이다. 전체의 극히 일부분일 뿐이니까 잘못된 답이 나올 거라는 의견이 옳다면, 초등학생 열 명을 대상으로 얻은 자료로는 좀 더 뒤죽박죽인 그래프가 그려져야 마땅하지 않겠는가. 요컨대 전국의 초등학생을 대상으로 열 명의 데이터를 추출할 때마다 전혀 다른 그래프가 그려져야 한다. 그러나 경험상 이런 일은 일어나지 않는다.

한마디로 이런 것이다. '화석 기록은 아무리 봐도 불완전하고 현존하

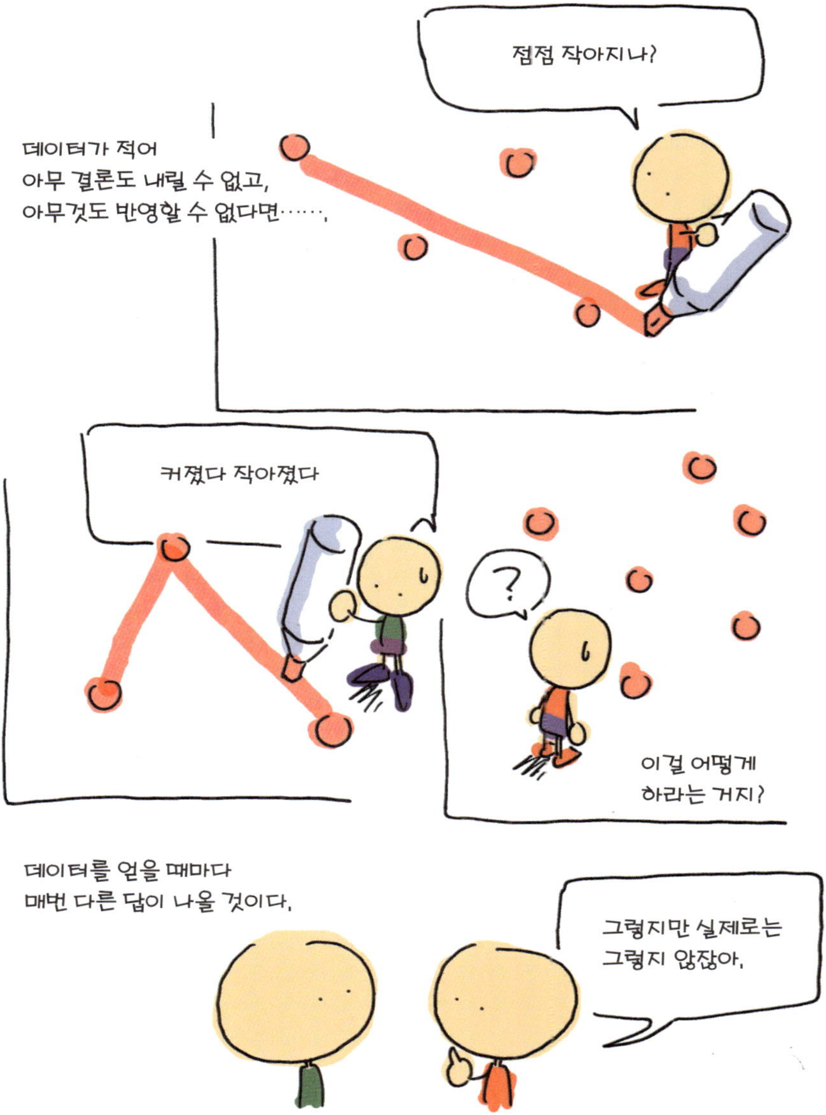

접점 작아지나?

데이터가 적어
아무 결론도 내릴 수 없고,
아무것도 반영할 수 없다면⋯⋯,

커졌다 작아졌다

?

이걸 어떻게
하라는 거지?

데이터를 얻을 때마다
매번 다른 답이 나올 것이다,

그렇지만 실제로는
그렇지 않잖아,

63

는 생물도 데이터로서 정말이지 믿음이 가지 않는다고 의심하는 건 당연하다. 하지만 이들 데이터가 아무 도움도 되지 않는 것은 아니다. 전체의 극히 일부분이긴 하지만, 무언가 도움이 되는 사실을 반영하고 있다.'

그럼 새로운 데이터가 더해졌을 때 어떻게 해석하면 좋을까? 적어도 이 데이터가 우리의 판단에 어떤 영향을 준다고 말할 수 있다. 만약 추가한 데이터가 당신이 처음에 그린 그래프와 딱 맞아떨어진다면 어떨까? 이 경우에는 새로운 데이터가 당신이 그린 그래프를 뒷받침한다고 해석할 수 있다. 어쩌면 몇 개의 보기 중에서 무엇을 골라야 할지를 고민할 때 새로운 데이터가 결정적인 역할을 할지도 모른다. "그걸 선택하는 근거가 도대체 뭔가?" 또는 "그 선택이 정말 옳은 것인가?"라고 끝까지 캐묻는 사람이 있을지도 모른다. 하지만 당신은 그 선택을 절대적으로 옳다고 주장한 게 아니다. 다만 그저 확보한 데이터를 바탕으로 나름의 의견을 제시한 것일 뿐이다. 우리는 신이 아니기 때문에 전지전능하지 않다. 그러므로 당연히 모든 것을 정확히 알 수는 없다.

🌱 검증하다

우리는 열 명의 초등학생 데이터를 보았을 때 이것이 절대적으로 정확하다고도, 그렇다고 크게 잘못되었다고도 생각하지 않는다. 그리고 문제를 풀고자 하는 의욕이나 필요에 따라 더욱 정확한 그래프를 그릴 수 있다는 것도 알고 있다. 새로운 데이터는 그래프를 어떻게 그려야 하는지 판단할 때만 사용하는 것이 아니다. 처음에 낸 결론이 어느 정도 정확한지 검증할 때도 사용할 수 있다. 한 사람의 데이터를 새롭게 추가해 보자. 그러면 전에 그린 그래프를 수정할 필요가 있다고 생각하거나, 아니면 그냥 두어도 괜찮다고 생각할 것이다. 경우에 따라 추가하는 데이터의 양을

늘릴 수도 있다. 다섯 명, 백 명, 혹은 천 명의 데이터를 추가했을 때 그래프는 어떻게 변할까?

이렇게 데이터를 추가했는데도 그래프를 전혀 변경할 필요가 없을 때에는 처음에 내린 결론이 옳다고 생각할 수 있다. 혹은 약간만 수정하는 것으로 처음에 내린 결론을 유지할 수가 있는데, 이는 그래프가 정답에서 조금 벗어났다는 것을 의미한다.

사실상 이는 "결론의 타당성을 검증하는 작업"이나 다름없다. 한 번 시험해 보고, 올바른 결과가 나오면 확인차 한 번 더 시험해 본다. 그래도 제대로 된 결과가 나오면, 그때야말로 정답이라고 인정하는 것이다. 누구나 이런 과정을 거쳐 답을 증명하며, 가설을 확인하는 것 또한 마찬가지다.

물론 새로운 데이터가 언제나 이론이나 가설을 뒷받침하지는 않는다.

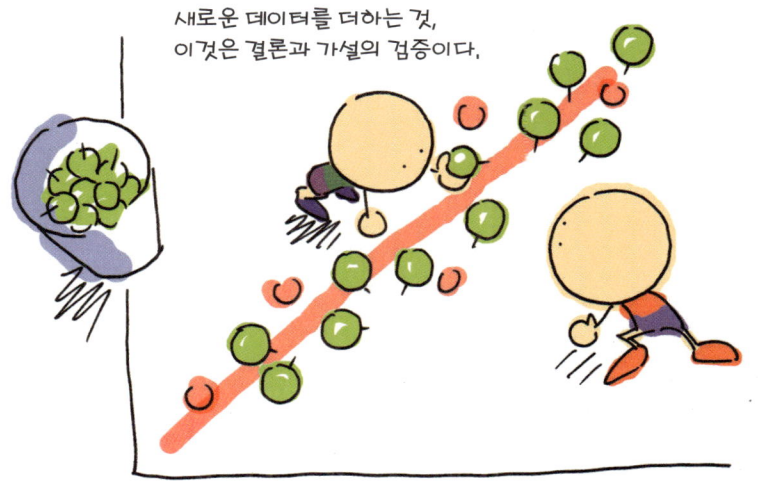

새로운 데이터를 더하는 것,
이것은 결론과 가설의 검증이다.

오히려 새로운 데이터가 그 이론이나 가설을 무너뜨리는 때도 있다. 안타까운 일이지만, 동시에 다른 가능성을 보여준다. 가설이 무너졌다는 것은, 무언가 가설을 무너뜨릴 만한 필연적인 이유가 있다는 말이기 때문이다. 이는 틀림없이 새로운 가설이나 이론의 탄생을 의미한다. 이론이 무너졌을 때 우리는 그 잔해에서 새롭고 유망한 이론과 가설을 발견하며, 우리의 지식은 이런 식으로 한 단계 업그레이드되는 것이다.

🌱 수렴되는 가설

사인배열, 그리고 파키세투스의 복사뼈는 새로운 데이터가 정설을 뒤흔들어 무너뜨린 예라고 할 수 있다. 확실히 트위센 박사가 화석에서 이끌어낸 결론은 고래가 우제류와 근연종이라는 사실뿐이며, 고래와 하마가 사촌지간이라고는 말할 수 없다. 그러나 이 결론으로 정설이 기우뚱하고 흔들린 것은 확실하다. 이때 우리는 또다시 새로운 데이터를 첨가하거나 데이터를 재검토하여 이런 동요가 우연인지, 아니면 무언가 필연적인 이유가 있는 것인지를 확인하면 된다.

예를 들어 2003년 미국 남부 조지아^{South Georgia} 주립박물관의 가이슬러^{Geisler} 박사는 여러 가지 데이터를 재검토하여 다시 해석하던 중, 고생물학적인 데이터가 사인배열만큼 결정적이진 않지만 고래 하마 사촌설을 지지한다는 사실을 알아냈다. 고래와 가장 가까운 종은 역시 하마라는 결론에 이르게 된 것이다. 흥미롭게도 지금까지 메소니키드류와 고래를 연결해 준 이빨이라는 증거는 다른 육식 동물에서도 볼 수 있다고 한다. 이렇게 정설을 지탱하던 메소니키드류라는 증거는 결국, 고래와 혈연관계는 아니지만 우연히 닮은 종인 것으로 밝혀졌다.

게다가 2007년 말, 파키세투스를 보고한 트위센 박사는 인도휴스

인도휴스Indohyus
인도 카슈미르Kashmir 지방에서 발견한
몸길이 50센티미터 정도의 우제류로
생존 시대는 파키세투스와 거의 같으며,
이빨과 귀의 독특한 특징이 고래와 비슷하다.

골격의 특징 등으로 보아
물속에서 걸어 다녔을 것으로 추정된다.
육상에서 먹이를 잡았을지도 모르고,
물속의 식물 등을 먹었을지도 모르며,
잡식성일 가능성도 있다.

Indohyus라는 작은 동물의 화석을 발견했다. 골격의 특성으로 보아 우제류
이며, 외양은 원시적인 사슴과 흡사하지만 뼈가 무거운 구조로 되어 있는
동물이라는 것을 알아냈다. 이는 하마처럼 물속에서 생활하는 동물의 특
징으로, 몸이 물 위에 둥둥 떠버리지 않게 하는 역할을 한다. 아마도 인도
휴스는 꽤 오랜 시간을 물속에서 지낸 듯하다. 또한 수중생활을 했는데도
물갈퀴가 없는 것으로 보아 수영 대신 물 밑바닥을 종종거리며 걸었을 것

으로 추정된다. 특이하다고 생각하겠지만, 하마도 물속을 걸어 다니지 않는가. 게다가 인도휴스의 두툼한 귀뼈는 고래와 비슷하다. 트위센 박사는 인도휴스가 고래와 매우 가까운 동물이라고 판단했다. 즉, 고래가 우제류라는 뜻이다.

지금까지 한 이야기를 정리해 보자. 2001년에 트위센 박사는 파키세투스를 발견해서 고래가 우제류와 가까운 동물임을 밝혔다. 그리고 2007년에는 인도휴스를 발견해서 고래가 우제류라는 사실을 알아냈다. 이 결과는 앞에서 언급한 가이슬러 박사의 주장과는 조금 다르지만, 어쨌거나 고래가 우제류라는 사실을 화석으로도 증명한 것이다.

데이터가 추가됨에 따라 결론 또한 조금씩 바뀌지만, 그럼에도 최종 결론은 차츰차츰 고래 하마 사촌설 쪽으로 기우는 듯 보인다. 최종적인 결론이 고래 하마 사촌설로 수렴된다는 얘기다. 아울러 이 일련의 흐름을 바탕으로 생각해 보면 하마와 고래가 근연종이라는 사실은 역시 맞는 듯하다.

서로 다른 방법론이 같은 결론을 도출하는 것은 그 이론이나 가설에 긍정적인 일이다. 우리는 계산 결과가 맞는지 확인하기 위해 검산을 하기도 하며, 때에 따라 같은 문제를 두 명이 계산하기도 한다. 그리고 두 사람이 각자 계산했을 때에도 같은 답이 나오면, 이 답은 정확하다고 생각한다.

애초에는 사인배열과 고생물학자의 결론이 달랐지만, 새로운 데이터가 더해지면서 고생물학계의 결론이 사인배열이 주장하는 고래 하마 사촌설로 차츰차츰 수렴되고 있다. 이 현상은 두 개의 관점으로 생각할 수 있다. 하나는 서로 다른 방법론이 이끌어낸 결론이 일치하는 것으로, 이때 그 결론은 확실하다고 할 수 있다. 다른 하나는 새로운 데이터를 첨가

함에 따라 결론이 하나로 수렴되는 것으로 이 또한 확실한 결론이라고 할 수 있다. 이렇게 우리는 과거와 역사를 재현할 수 있을 뿐만 아니라, 재현한 역사를 증명할 수도 있다.

인도휴스는 고래와 가까운 동물이었다.

인도휴스는 우제류이므로
고래가 우제류로부터 진화했다는 사실이
화석으로도 증명된 것이다.

미리 예측된 불가능한 상황은 무엇을 의미할까?

🌱 선조다형의 함정

이제 사인배열의 이야기로 돌아가보자. 사인배열이 강력한 이유는 앞에서 논리적으로 설명했던 그대로이며 이는 확률적으로도 예측할 수 있다. 사인배열은 고래와 하마가 가까운 사이라는 대담하기 짝이 없는 예측을 했다. 그러나 그것이 사실로 확인되면, 대담하기만 했던 예측은 실로 설득력 있는 가설이 된다. 바로 상대성이론이 그 좋은 예이다. 상대성이론은 태양과 같이 큰 질량 주위를 지나가는 빛이 휘어진다는 내용을 포함하고 있는데, 이러한 대담한 예측이 1919년 영국의 에딩턴(1882~1944) Arthur Stanley Eddington의 관측으로 확인되자 상대성이론은 사람들에게 강한 인상을 남겼다.

이제 사인배열이 강력한 증거가 된다는 사실은 알았다. 그렇지만 인간은 본래 의심이 많은 동물 아니던가. 아니, 단지 이 책을 쓰고 있는 필자가 굉장히 의심이 많은 사람일지도 모른다. 그래서 의심할 여지없이 완벽한 가설이라 주장하면 오히려 믿음이 안 가기도 한다. 그러나 오카다 교수는 사인배열이 언제나, 어떤 상황에서나 역사를 볼 수 있게 해주는 마법의 도구라고는 정의하지 않았다. 불가능한 일도 당연히 있다.

필자가 지금 이 책을 쓰고 있는 2008년을 기준으로 벌써 9년 전인 1999년, 고래와 가장 가까운 동물이 하마라고 발표한 오카다 교수를 취재하러 갔다. 그때 필자는 이런 질문을 했다. "오카다 교수님의 사인법注

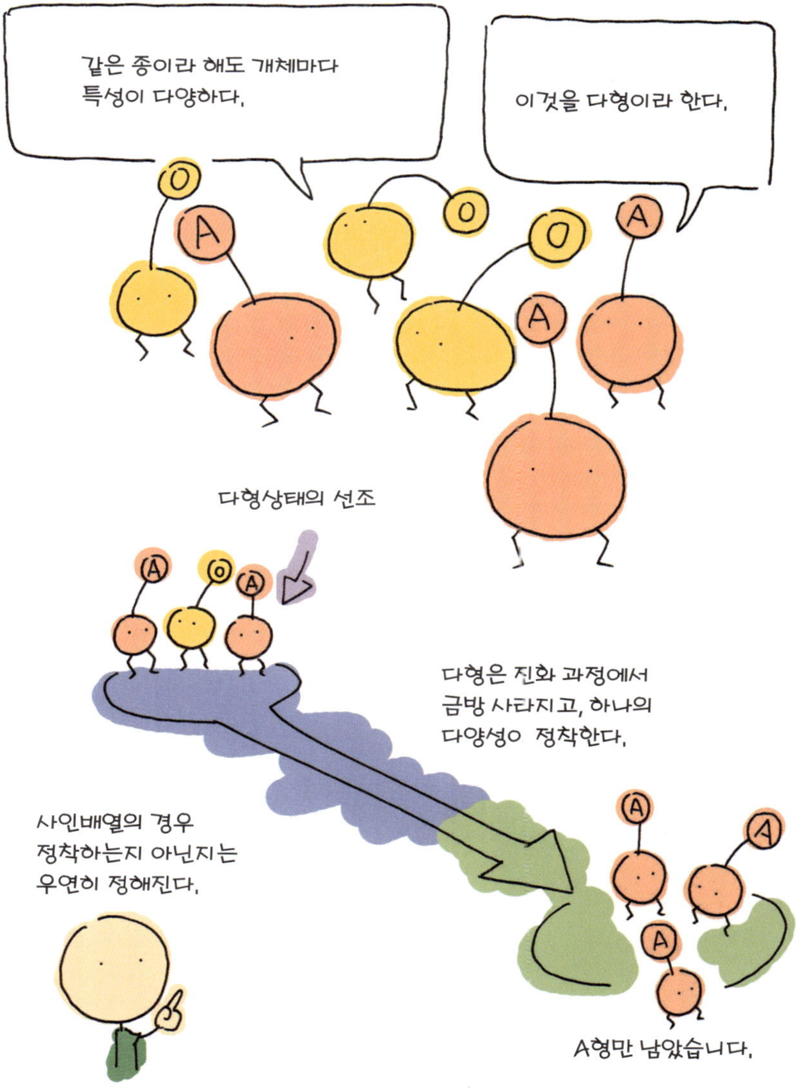

같은 종이라 해도 개체마다 특성이 다양하다.

이것을 다형이라 한다.

다형상태의 선조

다형은 진화 과정에서 금방 사라지고, 하나의 다양성이 정착한다.

사인배열의 경우 정착하는지 아닌지는 우연히 정해진다.

A형만 남았습니다.

으로도 문제를 해결하지 못하는 경우가 있습니까?" 이 질문에 그는 다음과 같이 대답했다. "사인배열이 선조다형先祖多形인 채로 새로운 종이 탄생하면 사인법으로도 생물의 역사를 아는 건 불가능하죠."

선조다형이란 말은 대부분의 사람에게 낯선 단어일 것이다. 선조란 '조상'을 일컫는다지만, 다형이란 대체 무엇일까? 다형이란 같은 종족이 공유하는 하나의 특징에 여러 개의 다양성이 존재하는 것을 말한다. 이렇게 말하면 참으로 어렵게 들리지만, 인간의 혈액형과 비교해 생각하면 간단히 이해된다. 인간의 혈액형은 A형, B형, AB형, O형으로 다양한데, 이것이 바로 다형이다. 엄밀하게는 A, B, O라는 세 가지 다양한 유전자가 조합되어 혈액형이 결정된다고 해야 하지만 말이다. 아마 다들 학교에서 생물 시간에 배웠을 것이다.

인류의 선조가 몇 만 년도 더 전에 이렇게 다양한 혈액형을 지니고 있었다면 그들의 혈액형도 다형상태라는 말이 된다. 이것이 바로 선조다형이다. 그럼, 선조다형의 무엇이 문제라는 걸까?

🌱 따로따로 정착했다면?

일단 선조 X가 있다고 하자. 선조 X종의 개체를 조사하니, 어떤 개체는 사인배열 1을 지니고 다른 개체는 사인배열 1을 지니고 있지 않았으며, 유전자의 다른 위치에 사인배열 2를 지니고 있었다. 또 다른 개체를 조사해 보니 이번에는 사인배열 1, 2를 모두 지니고 있었다. 이처럼 같은 종이라고 해도 각각 다른 사인배열이 존재하는 것을 다형상태라고 한다.

이제 기나긴 세월이 흘러 선조 X종으로부터 자손 L, M, N종이 진화하였다. 단, L, M, N이 진화할 때 사인배열 1과 2는 변함없이 다형상태였다고 가정하자. 당연히 자손 L에는 사인배열 1을 지닌 개체, 사인배열 2를

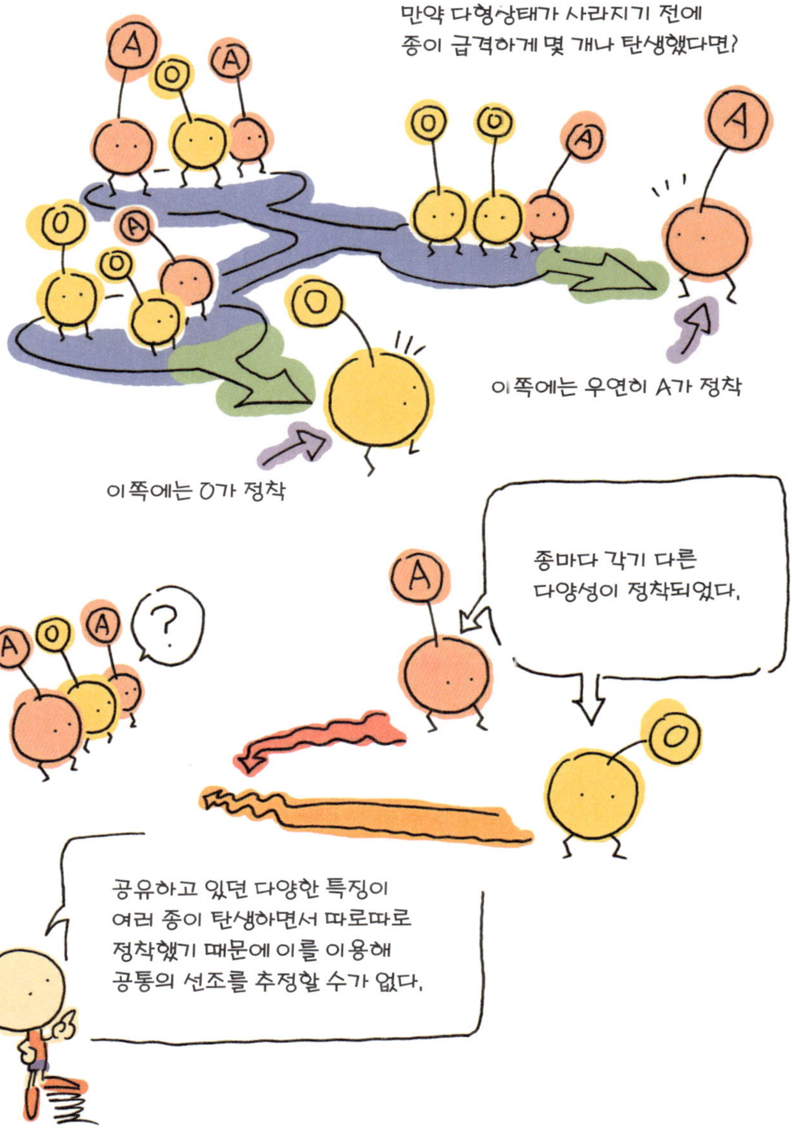

만약 다형상태가 사라지기 전에
종이 급격하게 몇 개나 탄생했다면?

이쪽에는 우연히 A가 정착

이쪽에는 O가 정착

종마다 각기 다른
다양성이 정착되었다.

공유하고 있던 다양한 특징이
여러 종이 탄생하면서 따로따로
정착했기 때문에 이를 이용해
공통의 선조를 추정할 수가 없다.

73

지닌 개체, 양쪽 모두 지닌 개체가 있을 테고, 자손 M과 N도 마찬가지일 것이다. 인간으로 비유하면, 인류로부터 다수의 신인류가 진화하였는데 어느 종족이든 혈액형은 A, B, O, AB가 그대로 남아 있는 상태라고 할까.

이 상태에서 다시 한 번 오랜 시간이 흘렀다. L, M, N종은 여전히 산과 들을 돌아다니며 살고 있다. 여기서 자손 L을 조사해 보니 모든 개체가 사인배열 1을 지니고 있었고, 사인배열 2를 지닌 개체는 하나도 없었다. 몇 세대를 거치는 동안 사인배열 1을 지닌 개체만이 남게 된 것이다. 이렇게 다형상태가 사라지고 종마다 하나의 다양성만 고정되는 일은 진화 과정에서 일반적으로 일어나는 현상이다.

북미 지역에 사는 원주민의 어떤 부족은 대부분이 A형이고, 이와 반대로 어떤 부족은 A형이 희박하다. 아마도 부족의 선조 중에 원래 A형이 많았거나, 반대로 전혀 없었기 때문일 것이다. 어쩌면 긴 역사 속에서 우연히 A형의 선조만 늘어났을지도 모른다. 더 심할 때에는 A형만 남게 될 가능성도 있다. 물론 B형만 남아도, O형만 남아도 상관없다. 이것은 우연으로 정해지기 때문이다. 이와 같은 식으로 자손 L은 몇 세대가 지나면서 종족 전체가 사인배열 1만 지니게 된 것이다.

※주: 이 책에서는 다형을 알기 쉽게 설명하기 위한 예로서 혈액형을 들었지만, 현실에서 혈액형은 자연 선택이 작용하고 있는 듯하다. 그러니 독자들은 그저 예로서만 받아들였으면 한다.

그런데 자손 M을 조사해 보니 전혀 다른 결과가 나왔다. 모든 개체가 사인배열 1, 2를 함께 지닌 것 아닌가. 자손 N은 어떨까? 모든 개체가 사인배열 2만 지니고 있다. 몇 천 세대 동안 사인배열 1을 지닌 개체는 사라지고, 사인배열 2만 남게 된 것이다. 이 내용을 정리해 보면 이렇다.

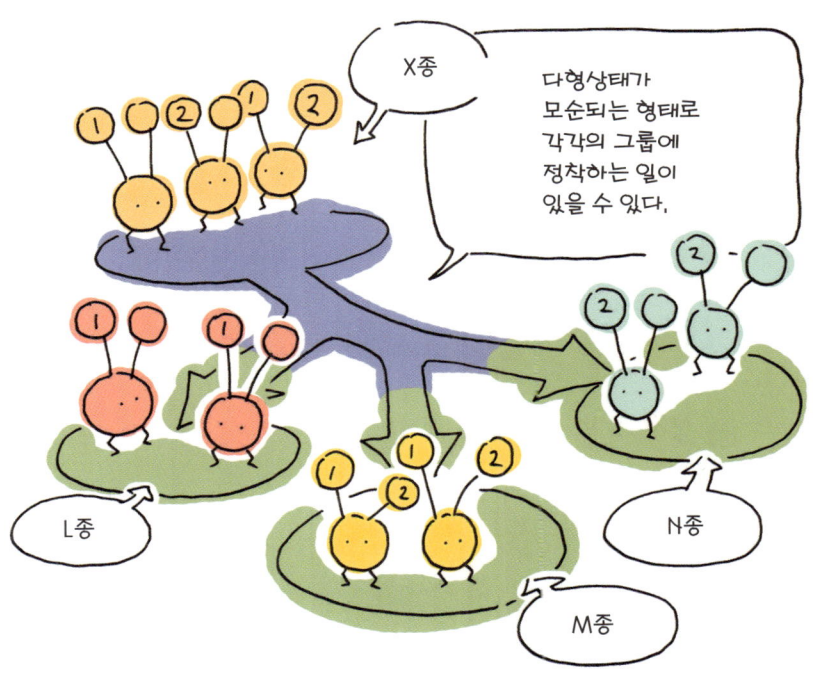

· L과 M은 사인배열 1을 지님.

· M과 N은 사인배열 2를 지님.

　정리하고 보니 뭔가 조금 이상하다. 같은 사인배열을 지닌 개체는 같은 선조로부터 진화한 친척이라는 것이 사인배열을 이용해서 진화를 관찰할 때의 핵심 사항이다. 그러나 이 경우 사인배열 1에 주목하면 L과 M이 친척이라는 결론이 나오고, 사인배열 2에 주목하면 M과 N이 친척이라는 결론이 나온다. 명백한 모순이다. 이런 일이 일어나는 이유는 다음과 같다.

· 사인배열이 다형이며
· 다형인 채로 새로운 종족이 진화하여
· 탄생한 다양한 종족마다 각각의 사인배열이 사라졌거나 정착했기
  때문이다.

이렇게 되면 사인배열로 진화를 탐구하는 일은 불가능해지고 만다. 사인배열이 이해할 수 없는 분포로 나타날 것이기 때문이다.

여기까지가 9년 전에 오카다 교수가 설명해 준 내용이었다.

🌱 실제로 발견된 모순

사인배열로는 해결할 수 없는 상태로 빠져드는 상황. 필자가 이 이야기를 들은 지 몇 년 후, 오카다 교수는 사인배열이 이해할 수 없는 분포를 보이는 구체적인 예를 일부 수염고래를 통해 찾아냈다. 수염고래 중에는 이빨이 없는 대신 플랑크톤을 여과하는 수염이 나 있는 종이 있다. 말이 수염이지 실제로는 입 안에 강하고 단단한 브러시 같은 섬모가 촘촘히 자라나 있다. 이 섬모를 이용해 수염고래는 바닷물에서 작은 생물을 여과해 먹는다.

수염고래종의 거친 진화의 역사를 밝히는 작업은 현대에 들어서도 좀처럼 진행되지 못했다. 물론 북방긴수염고래Eubalaena glacialis(북대서양참고래라고도 불린다-역주)가 가장 원시적인 수염고래라는 정도는 알고 있다. 문제는 수염고래 중에도 '긴수염고래Balaenoptera physalus과'의 진화이다. 이들이 네 개의 계통으로 나뉜다고는 알고 있지만, 어떤 계통이 어떤 계통과 근연종인지는 거의 수수께끼에 가깝다. 연구자가 유전자를 조사할 때마다 제각기 다른 답이 나왔기 때문이다. 결국 유전자로는 문제 해

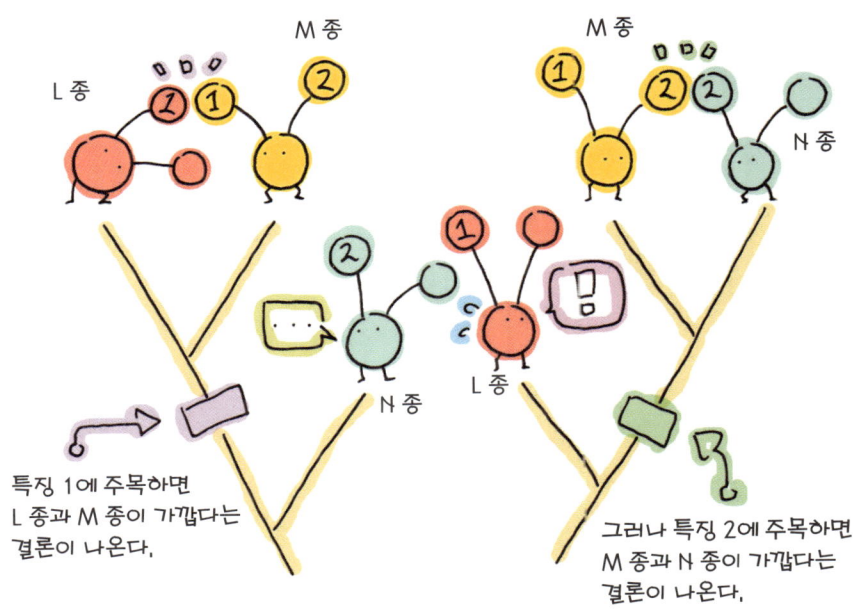

특징 1에 주목하면
L 종과 M 종이 가깝다는
결론이 나온다.

그러나 특징 2에 주목하면
M 종과 N 종이 가깝다는
결론이 나온다.

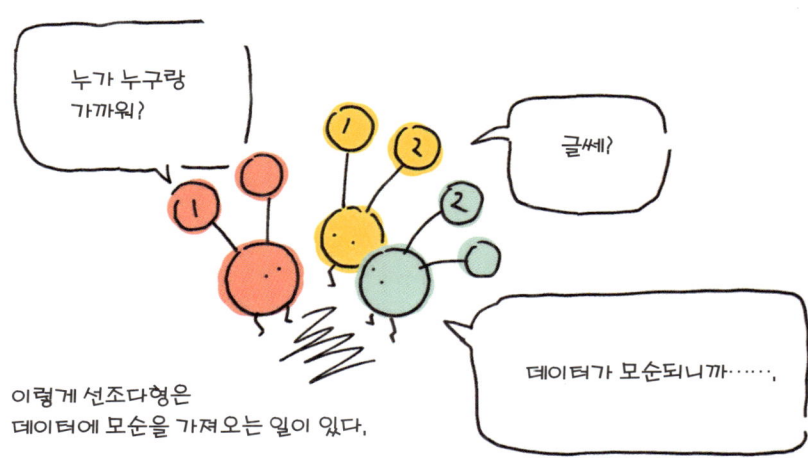

이렇게 선조다형은
데이터에 모순을 가져오는 일이 있다.

결이 불가능했으며, 사인배열로도 밝혀지지 않았다. 2005년까지 오카다 교수는 긴수염고래의 네 가지 계통에서 이해할 수 없는 분포를 보이는 사인배열을 발견했다. BRY28, IWA31, Sei23이라고 부르는 세 개의 사인배열로, 이것이 연구자마다 각각 다른 결과를 얻게 한 원인이었다.

BRY28은 긴수염고래와 흰긴수염고래Balaenoptera musculus가 근연종이라는 것을 뒷받침하지만, IWA31은 이를 뒷받침하지 않는다. IWA31이 뒷받침하는 것은 흰긴수염고래와 쇠고래Eschrichtius robustus(귀신고래라고도 불린다-역주)가 근연종이라는 사실이며, Sei23은 또 다른 조합을 지지하고 있다. 한마디로 사인배열의 분포가 제각각이다. 유전자가 해결할 수 없는 문제는 사인배열로도 해결할 수 없는 것이다.

몇몇 사람들은 아마 여기까지만 보고 이렇게 생각할 것이다. '그럼 그렇지, 새로운 방법이란 늘 이렇다니까. 처음에만 그럴듯하게 보였을 뿐이야. 결국 사인배열도 신용할 수 없는 방법이라니까. 뭐, 이것도 하나의 해석으로만 보면 되겠네.'

그러나 필자는 이렇게 생각한다. '이론이 예측했던 대로 잘못된 답이 나왔군, 역시 사인배열은 믿을 만한 방법인 거야.'라고 말이다.

🌱 모순된 결과는 다형상태를 보여주는 거울

사인배열이 예측한 대로 이해할 수 없는 분포를 보이는 것, 이것은 사인배열이 이론뿐 아니라 현실세계에서도 통한다는 반증이다. 그렇기 때문에 이해할 수 없는 분포가 나와도 희망적으로 생각할 수 있다. 반대로 답이 틀렸는데도 사인배열은 일관성 있는 분포를 보이면, 이것이야말로 문제다. 이런 상황이 발생했다는 것은 거기에 뭔가 예측하지 못한 일이 벌어졌다는 것을 의미한다. 그건 그 나름대로는 흥미로운 일이지만, 진화

사인배열의 모순은 오히려 의미가 있다.

> 모순되는 데이터가 나왔어……,

> 자, 그럼 선조가
> 다형상태였다는 말이 아닐까.

이거 흥미롭군.

> 긍정적이네……,

> 뭐든 생각하기 나름이야.

데이터가
보여주는 사실을
간과해서는 안 돼.

모순되는 데이터가 나왔다면,
다형상태를 유지하고 있었다고 판단할 수 있다.

의 역사를 밝히는 '지문'으로서는 사인배열이 쓸모없다는 이야기가 되고
만다.

그러나 예측한 대로 모순된 결과가 나왔다. 이것은 모순된 답이 나온
이상 과거에도 '모순된 상황'이 발생했다고 뒤집어 말할 수 있다. 사인배
열이 모순된 상황이 되는 조건은 "첫째, 제1 선조가 다형상태일 것, 둘째,
다형상태인 상태에서 새로운 종이 몇 개나 탄생할 것."이다.

다형상태는 빠르든지 늦든지 언젠가는 사라진다. 특히 사인배열은 생
물의 유전자 속에서 특별한 역할을 하지 않기 때문에 있어도 없어도 상관
없다. 유해하지도, 그렇다고 유익하지도 않다. 이런 특징이 사라질지 아
니면 집단 전체에 정착할지는 우연히 결정된다. 또한 사인배열이 다형상
태로 존재하는 기간은 그다지 길지 않아서 길어봐야 몇 만 년이나, 몇 십
만 년 정도다. 인간에게는 길게 느껴지겠지만, 생물의 진화에 비하면 아
무것도 아니다. 즉, 사인배열이 증거로서 부적합한 경우는 다음과 같은
조건이 성립할 때다.

1: 선조의 사인배열이 다형상태이며
2: 다형상태인 짧은 기간 동안 새로운 종이 몇 개나 탄생함

한마디로 단기간에 몇 개나 되는 새로운 종이 탄생했을 때 사인배열
이 이해할 수 없는 분포를 보인다는 말이다.

긴수염고래과에서 네 개의 계통이 탄생했을 때도 마찬가지다. 유전자
의 분포나 화석의 상태로 미루어 보면, 그 일이 발생한 때는 약 1900만
년 전이며, 이 시대에 긴수염고래과는 단기간에 네 개의 종으로 나뉜 것
이다. 그리고 선조가 지니고 있던 다형상태의 사인배열은 네 개의 종이

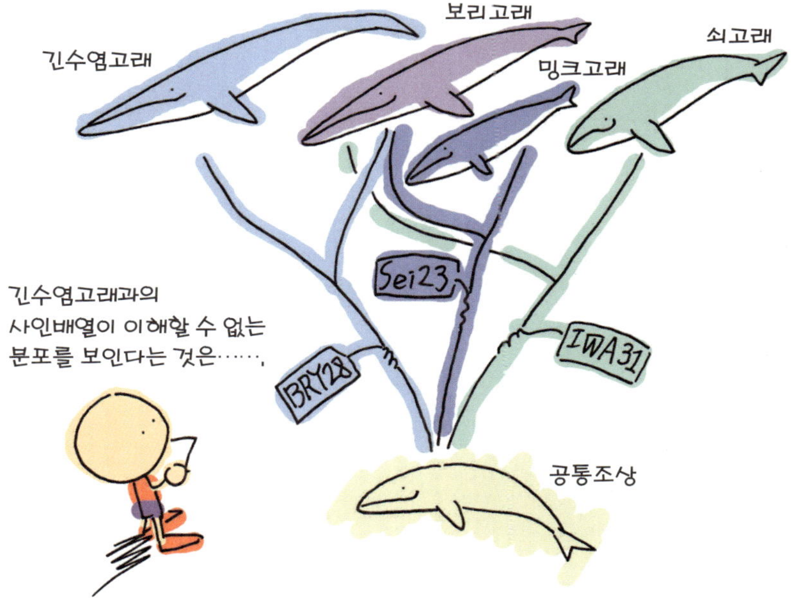

보리고래

긴수염고래

밍크고래

쇠고래

긴수염고래과의
사인배열이 이해할 수 없는
분포를 보인다는 것은……,

Sei23

IWA31

BRY28

공통조상

긴수염고래과의
4대 그룹은 다형상태가
사라지기도 전에 급격히
탄생했을 것이다.

탄생할 때, 각기 다른 종으로 정착하거나 사라진 것이다. 당시 긴수염고래과는 대단히 번성했는데, 아마도 바다의 환경이 이들이 살기에 적합하게 변해서가 아닐까 싶다. 이때 긴수염고래과에게 무슨 일이 있었는지, 그 구체적인 내용은 앞으로의 연구로 밝혀질 것이다.

🌱 진수류

이처럼 사인배열(혹은 이와 비슷한 배열)이 이해할 수 없는 분포를 보이는 것은, 일찍이 급격한 진화가 일어났음을 보여주는 증거가 된다. 따라서 이와 관련해 연구하면 훨씬 다양한 사실을 알아낼 수도 있다. 최근 오카다 교수는 아주 먼 옛날에 포유류의 조상도 급격한 진화를 겪었음을 밝혀냈다. 덧붙여 말하면 지금 이야기하는 포유류란 정확히 말해 진수류眞獸類라고 부르는 동물로, 태아를 어미의 배 속에서 충분히 키워 출산하는 포유류라고 생각하면 된다. 진수류에는 우리 인류와 고래, 개와 고양이, 코끼리와 듀공dugong(바다소목 듀공과의 포유류로 산호초가 있는 바다에 살며 몸길이는 약 3미터이다-역주), 아르마딜로armadillo(몸길이 20~100센티미터로 다양하며 몸이 등딱지로 덮여 있다. 전체적으로 쥐와 비슷한 모습을 하고 있다-역주)와 나무늘보 등이 포함된다.

※ 주: 캥거루나 코알라처럼 배에 주머니가 있는 유대류有袋類나, 알을 낳는 오리너구리는 진수류가 아니다.

유전자를 조사해 보면 진수류는 크게 세 그룹으로 나눌 수 있다. 인간을 비롯해 고래, 소, 말, 개, 고양이를 포함하는 제1그룹은 지구 북반구를 중심으로 분포하므로 북방수류北方獸類, Boreotheria)라고 부른다. 제2그룹은 코끼리, 듀공 등을 포함한 그룹이며, 아프리카 대륙이 기원의 중심지이므로 아프리카수류아프리카獸類, Afrotheria)라고 부른다. 제3그룹은 개미핥기나 나무늘보로 이빨이 거의 퇴화한 상태이기 때문에 빈치류貧齒類, edentates라고 부른다. 빈치류는 남미를 중심으로 하는 그룹이다.

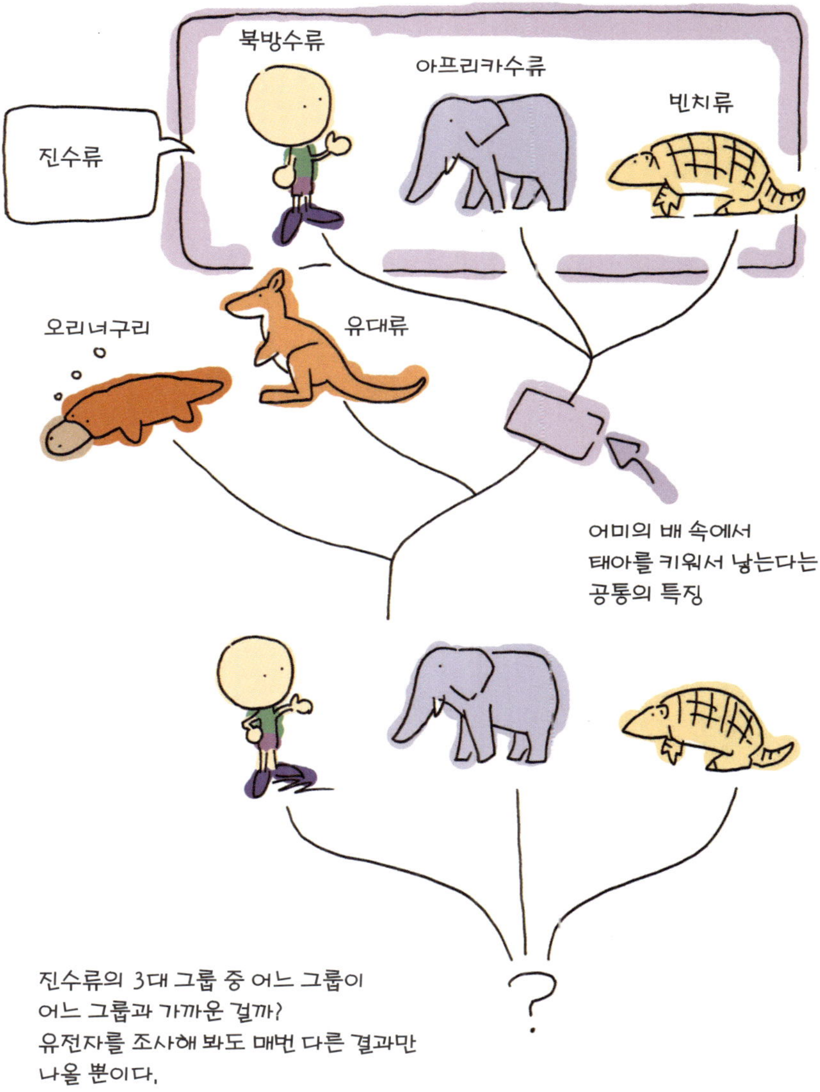

진수류

북방수류

아프리카수류

빈치류

오리너구리

유대류

어미의 배 속에서
태아를 키워서 낳는다는
공통의 특징

진수류의 3대 그룹 중 어느 그룹이
어느 그룹과 가까운 걸까?
유전자를 조사해 봐도 매번 다른 결과만
나올 뿐이다.

?

　　이렇게 진수류는 세 개의 그룹으로 이루어져 있다. 여기까지는 어렵지 않게 조사할 수 있었지만, 그룹간의 근연도를 조사하려고 하면 곤란한 상황에 빠져들고 만다. 데이터로 사용하는 유전자의 종류나 해석방법에 따라 다른 답이 나오기 때문이다. 세 그룹의 근연도를 나타내면 다음과 같다.

　　(1 2)3
　　1(2 3)
　　(1 3)2

　　게다가 해석마다 서로 엇비슷한 지지를 받고 있다. 최근 10년 동안에도 위의 세 가지 해석을 각각 지지하는 논문이 몇 개나 발표된 것만 봐도 알 수 있는데, 솔직히 필자도 혼란스럽다.

　　어찌된 일일까? 오카다 교수도 이 난제를 해결하고자 연구를 했는데, 그 결과는 역시 놀랍다. 각각의 조합을 지지하는 배열이 무려 스무 개 이상이나 나오고 만 것이다. 긴수염고래과의 경우와도 비슷한 이런 복잡한 상황은 세 개의 그룹이 급격히, 혹은 거의 동시에 진화한 것을 반증한다. 진화가 일어난 시기는 아마도 백악기 전기로 추정되며, 이 시대는 아직 공룡이 지구를 지배하던 때였다. 분명 이 시대에 무슨 사건이 발생했으며, 그때 진수류의 선조는 다형상태인 채로 세 그룹으로 급격하게 진화한 것이다. 도대체 무슨 일이 있었던 걸까? 오카다 교수 연구팀의 니시하라 ^{西原} 씨는 지금 이 문제를 연구하고 있다.

※ 덧붙여 말하자면, 이때 오카다 교수 연구팀이 조사하고 있던 것은 라인배열이었다. 라인배열은 사인배열과 거의 비슷하지만, 사인배열에 비해 조금 더 긴 배열이다.

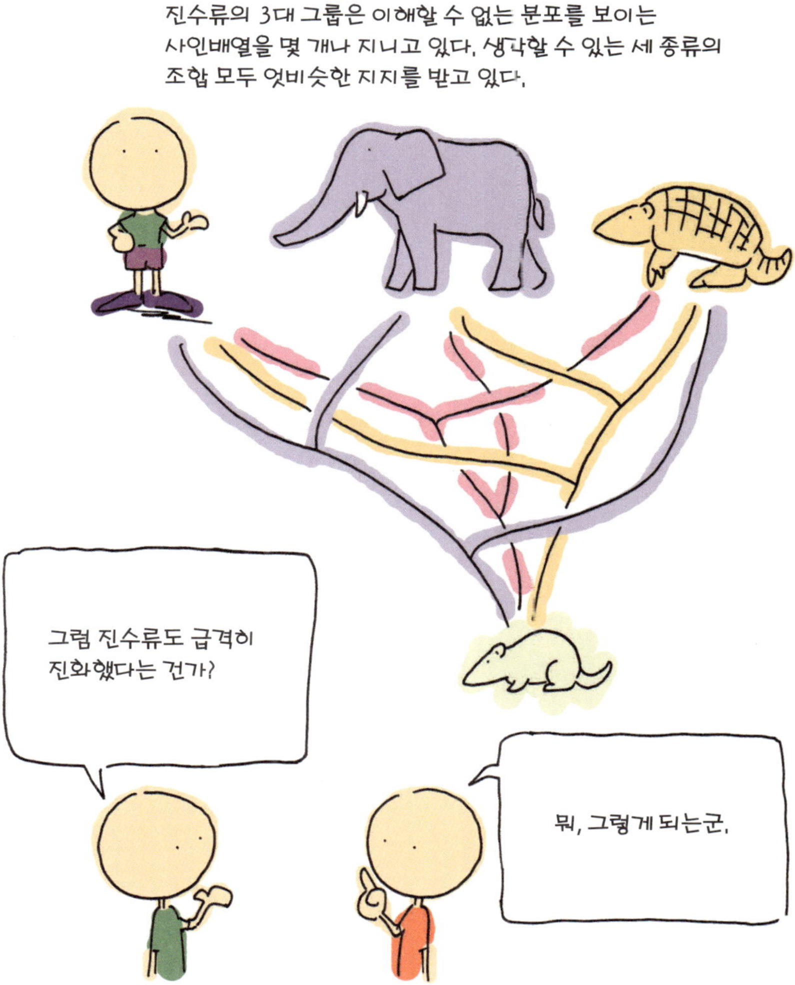

진수류의 3대 그룹은 이해할 수 없는 분포를 보이는 사인배열을 몇 개나 지니고 있다. 생각할 수 있는 세 종류의 조합 모두 엇비슷한 지지를 받고 있다.

그럼 진수류도 급격히 진화했다는 건가?

뭐, 그렇게 되는군.

증거가 이해할 수 없는 분포를 보여 혼란스러울 때가 있다. 그러나 이 것이 미리 예측된 상황이라면, 이 증거는 부정적인 결과를 낳는 게 아니 라 오히려 새로운 증거로 탈바꿈할 수 있다. 모순되는 답을 보고 "이봐,

역시 쓸모없어."라고 할 것인가, 아니면 "흐음, 여기에는 뭔가 있어."라고 힌트를 얻어 조사를 해볼 것인가. 데이터란 사용하기 나름, 생각하기 나름이다.

자, 지금까지 증거의 수나 증거의 힘으로 타당성을 가리는 이야기를 해왔다. 인정받지 못한 증거도 있지만, 그것이 처음부터 쓸모없었던 것은 아니다. 증거가 증거로서 살아남는 것은, 궁극적으로 검토 결과에 따른다고 할 수 있다. 그러나 지금까지 이야기하지 않았지만, 사실 증거 중에는 처음부터 쓸모없는 것도 있다. 쓸모없는 증거란 무엇이며, 그 이유는 뭘까? 지금부터 알아보자.

제 1 장 정리
근거를 정확히 설명할 수 있는 증거만이 강한 증거

"깃털이야말로 롱기스쿠아마가 새로 진화했다는 역사를 반영하는 증거다." 이렇게 말한 사람들이 패배했던 이유는, 근거를 설명하는 데 실패했기 때문이다. 반면에 사인배열이 승리할 수 있었던 이유는, 근거를 논리적으로 설명함과 동시에 결과적으로 다른 데이터로부터도 지지를 받았기 때문이다.

안타까운 일이지만 우리는 논리정연하게 사물을 설명하는 데 익숙하지 않다. 막힘없이 쏟아내는 듯 보이는 우리의 말은, 그저 단순한 직감의 나열일 뿐이다. 스스로는 논리정연하다고 생각해도, 듣는 사람에게는 비논리적으로 와 닿을 수 있다. 마찬가지로 우리는 "깃털은 한 번만 진화했다."라는 주장을 들었을 때, '과연 그럴까?'하며 수긍하지 않는다. 이 주장은 추론해야만 하는 과거를 이미 알고 있는 사실로 설정해 두고서 짜맞춘, 이상한 논리이기 때문이다.

직감적으로 사물을 판가름하는 일은 어린애라도 할 수 있다. 인간은 원래부터 사물을 직감적으로 판단하는 경향이 있다. 그래서 직감에만 의존한 채 자신만만하게 근거 없는 주장을 하면 논리적인 결론에 도달할 수 없다. 특히 자연과학에 관계된 판단을 내릴 때에는 더더욱 그렇다. 이것이야말로 중요한 증거라고 주장하는 일은 누구나 할 수 있다. 하지만 그 근거의 타당성을 과학적으로 설명하는 일, 즉 논리적인 설명이 어려운 것이다.

빅토리아호의 시클리드

시클리드Cichlid(빅토리아호에 사는 관상어로 아름다운 색깔 때문에 인기가 많다. 매우 다양하게 분화한 물고기로 계통분류학자의 주된 연구대상이다-역주). 열대어에 관심이 있는 사람이라면 이 이름을 들어본 적이 있을 것이다. 시클리드는 아프리카에서 가장 큰 호수인 빅토리아호Victoria Lake(아프리카 제1의 호수이자 담수호로는 세계에서 두 번째로 큰 호수. 우간다, 탄자니아, 케냐의 3개국에 의해 분할되어 있으며 어업이 발달하였고 풍광이 아름다워 관광지로도 유명하다-역주)에 사는 아름다운 물고기로, 이 호수에만 약 700종이 넘는 시클리드가 서식한다고 알려져 있다. 빅토리아호는 규모에 비해 수심이 그다지 깊지 않다. 동서로는 200킬로미터가 넘지만, 수심은 아무리 깊은 곳이라 해도 겨우 100미터 정도다. 마지막 빙하기인 1만 2000여 년 전에는 이 호수가 거의 말라 있었지만, 현재는 수백 종이 넘는 시클리드가 서식하며, 이들은 이 호수에서만 발견된다. 아마 처음에는 이 물고기의 선조도 몇 종류 안 되었을 것이다. 그러나 불과 1만 년 사이에 이 선조로부터 수백 종이 진화했다. 진화이론의 창시자인 다윈이 이렇게 급격한 진화 과정을 알았더라면 매우 놀라고, 또 기뻐했을 것이다. 이 물고기는 너무 급격하게 진화를 한 탓에 연구자

푼데밀리아 • 푼데밀리아(Pundamilia pundamilia)

빅토리아호의 수심이 아주 얕은 곳에 사는 시클리드. 몸 색깔은 파랗다.

사진제공: 도쿄공업대학 오카다 노리히로 교수

들이 근연종을 밝히는 데 애를 먹고 있다. 오카다 교수가 조사한 바로는 사인배열 역시 다형상태였다고 한다.

그러나 종족에 따라 시각을 담당하는 유전자나 몸의 색깔을 담당하는 유전자가 고정되어 있다는 사실을 알게 되었다. 간단한 예를 들면, 빨간색에 반응하는 물고기는 빨간색 무늬가, 파란색이 반응하는 물고기는 파란색 무늬가, 그 밖의 다른 색에 반응하면 다른 삭의 무늬가 있는 것이다. 시클리드는 모양이나 형태가 다양하지만, 오히려 색이나 무늬의 차이가 더 눈에 띈다. 이것을 보면 모양이나 형태로는 상대를 식별하고, 자기와 같은 색의 무늬가 있는 개체는 짝으로 선택한다고 생각할 수 있다. 빨간색에 반응하는 물고기는 빨간 무늬 물고기와, 다른 색에 반응하는 물고기는 다른 색 무늬의 물고기와 짝짓기를 하는 것이다. 이렇게 종족의 특성이 고정되어 지금처럼 다양한 종족이 탄생한 것이다.

현재 오카다 교수는 시클리드에 대해 자세한 조사를 하는 중이다. 그러나 시클리드의 종류를 조사하는 일은 쉽지 않다. 종의 수도 많거니와 어떤 물고기가 이전에 보고된 종인지 아닌지 표본이나 논문으로 일일이 확인하는 작업이 번거롭기 때문이다. 그러나 이러한 난제는 조금씩 해결되고 있으며, 시클리드 종의 탄생 과정은 언젠가 모두 밝혀질 것이다.

푼데밀리아 • 니에리리아(pundamilia nyererei)

약간 깊은 곳에 사는 시클리드, 빅토리아호는 투명도가 매우 낮아서 수심이 조금만 깊어져도 호수 빛깔이 붉게 변한다. 이러한 환경에 사는 니에리리아는 몸 색깔이 빨갛고, 빨간빛에 민감한 눈을 가지게 되었다.

사진제공: 도쿄공업대학 오카다 노리히로 교수

특별한 증거를 찾아보자!

문제를 해결할 때 도움이 되는 증거와 그렇지 않은 증거가 있다. 당연한 일이지만 우리는 종종 이 사실을 잊는다. 또한 우리는 일상적인 척도로 역사를 추론하려 하는데, 이것은 큰 잘못이다.

가장 오래된 새가
하늘을 날다

　내리쬐는 태양 아래 메마른 지구가 펼쳐져 있다. 초록빛은 그리 많지 않으며, 여기저기에 자라는 나무는 건조함을 견딜 수 있도록 잎이 매우 작다. 나무의 키도 크지 않아서 기껏해야 3미터 정도이다. 이때 갑자기 어떤 생물이 눈앞을 휙 가로질러 간다. 달리고 있는 것처럼 보이지만, 실제로는 지면 위를 닿을락 말락 하게 날고 있는 것이다. 날개를 힘차게 퍼덕이며 날던 이 생물은 얼마 안 있어 힘이 다한 듯 날갯짓을 멈추고 지면에 착륙한다. 겉모습은 새처럼 보이지만 어딘가 약간 다른 점이 있다. 현대의 새처럼 몸통이 아담하지 않고 길며 이상한 꼬리까지 달렸다. 날개를 접는 법도 어딘지 모르게 어색하다. 아무래도 제대로 접지 못하는 듯하다. 게다가 날개 끝에는 갈고리발톱^{鉤爪}도 보인다. 이 새는 새에게 어울리지 않는 뚜렷한 발가락을 갖고 있는 것이다.

　이 생물은 <mark>시조새</mark>라고 불리는 동물로, 우리가 아는 한 지구상에서 가장 오래된 새이다. 시조새의 눈앞에는 푸른 바다가 펼쳐져 있다. 이 바다는 아득히 먼 미래에 독일이 될 것이다. 때는 쥐라기 후기로 약 1억 5000만 년 전이다. 이 시대에 지상을 지배하는 왕은 파충류였다. 지구는 따뜻하고 해수면은 상승해서, 유럽은 대부분 섬이 여기저기 흩어져 있는 다도해, 즉 현재의 에게해^{Aegean Sea}와 비슷한 군도^{群島}였다. 시조새가 고개를 들자, 드넓은 하늘을 자유자재로 날아다니는 날쌘 그림자가 보인다. 장대한 날개를 펼친 창공의 지배자, 익룡이다. 이 시대는 새가 조상인 공룡에서 진화한 지 그리 오랜 시간이 지나지 않은 때였다. 새가 이 넓은 하늘을

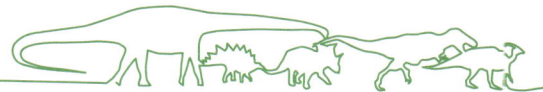

시조새 Archaeopteryx
지금까지 알려진 가장 오래된 새로,
약 1억 5000만 년 전 유럽에서 살았다.
독일 졸른호펜Solnhofen (독일 남부의 바이에른 지방, 이 지역의
석회암 채석장에서 시조새의 화석이 발견되었다-역주)에서
화석이 발견되었다. 몸길이가 50센티미터로 매우 원시적인 새였다.

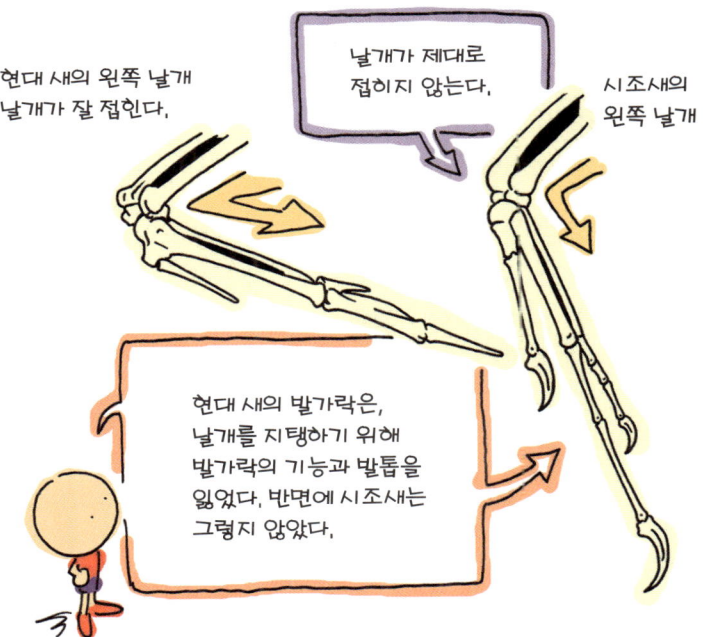

현대 새의 왼쪽 날개
날개가 잘 접힌다.

날개가 제대로
접히지 않는다.

시조새의
왼쪽 날개

현대 새의 발가락은,
날개를 지탱하기 위해
발가락의 기능과 발톱을
잃었다. 반면에 시조새는
그렇지 않았다.

93

정복하는 것은 먼 훗날의 일이다.

ⓐ 다윈과 시조새

1859년 영국의 찰스 다윈은 한 가지 진화론을 발표했다. 그의 이론은 굉장히 획기적이었다. 다윈 이전에도 진화론은 있었지만, 모두 명확하게 설명하지 못하고 흐지부지 끝내버리고 마는 꼴이었다. 예를 들면 어느 가설이든 진화에는 특수한 원동력이 있다고 가정하는 식이었다. 그러나 다윈은 달랐다. 그는 어디에나 있는 구체적인 사항만으로 이론을 짜맞추었다. 같은 인간이라도 머리카락의 색깔, 혈액형, 자외선에 대한 저항, 효소 활성은 조금씩 차이를 보인다. 다윈은 이렇게 작지만 구체적인 변이變異(같은 종의 생물 개체에서 나타나는 서로 다른 특성-역주)에서 출발하여 생물계 전체의 구성 과정을 설명하는 데 성공했다.

그러나 이와 동시에 다윈은 한 가지 문제에 봉착했다. 그의 진화론이 옳다면, 진화에는 비약飛躍(어떤 생물이 진화할 때, 점진적인 단계를 거치지 않고 여러 단계를 한 번에 뛰어넘는 일-역주)이 있어선 안 된다. 사소한 변이가 모이고 쌓여 진화가 이루어진다면, 그 과정에서 단절斷絶 등이 있을 수 없기 때문이다. 따라서 생물은 모두 연계성이 있어야 하며, 어떤 생물이 A종에서 B종으로 진화한다면 A종과 B종의 중간종中間種이 존재해야 한다.

※실제로 〈중간〉이라는 말은 상당히 오해를 불러일으키는 부정확한 단어이므로 편의상 사용한 말로 받아들였으면 한다. 다윈이 말한 중간종intermediate의 구체적인 의미를 알고 싶은 사람은 《종의 기원》 제9장과 10장을, 가능하다면 원문도 읽어 보기를 권한다.

중간종으로 연결된 생물군. 확실히 이렇게 보이는 생물도 있긴 하지만, 그렇지 않은 생물이 압도적으로 많다. 새가 진화 과정을 거쳐 태어났

진화는 나뭇가지가
뻗어가는 모양으로 전개된다.

A

B

C

D

B종은 A종과 C종의
중간종이지만 A종과 D종의
중간종이기도 하다.

우리는 무심코
생물을 직선적으로
나열하는데,
이것은 잘못이다.

생물은 이렇게
나뭇가지 형태로
배치하는 것이 적절하다.

중간 종도
마찬가지

다고 치자. 그렇다면 새를 탄생시킨 선조가 있어야 하지 않은가? 그러나 다윈이 《종의 기원》을 썼던 1859년에는 이러한 동물이 전혀 알려지지 않았다. 또한 새와 다른 동물 사이의 차이는 너무 크다. 이런 차이를 다윈의 진화론은 어떻게 설명했을까?

🌱 단절을 메우는 것

다윈은 이 문제를 어떻게 받아들였을까? '선조는 이미 멸종했고 우리가 찾아낸 화석 기록은 아직 미미한 수준이기 때문에 중간종의 데이터가 쏙 빠져 있는 듯 보이는 것이다.'라고 생각했다. 진화이론에서 필연적으로 도달하는 문제를 다윈은 이런 식으로 해결했다. 다윈의 이 견해는 화석을 발굴하다 보면 틀림없이 그 안에 단절을 메우는 자료가 있을 거라는 말이기도 하다. 그리고 다윈이 《종의 기원》을 집필하고 3년 후 독일에서 시조새 화석이 발견되었다.

시조새 화석에는 깃털로 이루어진 날개가 있었다. 날개만 보면 시조새는 틀림없는 새이다. 그러나 시조새는 현대의 새와는 달리 꼬리가 매우 길다. 물론 긴 꼬리가 있는 새도 있긴 하지만 이것은 파충류의 꼬리와는 전혀 다르다. 도마뱀의 꼬리에는 꼬리뼈가 끝까지 들어 있지만, 새는 그저 길게 뻗은 깃털만 나 있을 뿐이다. 새의 꼬리뼈는 굉장히 짧아서 꽁지깃을 지탱하는 받침대 역할만 한다.

또한 시조새는 이빨도 나 있으며 앞발가락에는 갈고리 발톱도 있다. 이처럼 극히 원시적인 시조새의 모습은 덥고 습한 파충류의 세계와 딱 어울리기 때문에 시조새는 새와 그 선조를 연결하는 중간종으로 여겨졌다. 다윈의 진화론을 보강하는 인상적인 데이터, 그것이 바로 시조새였다.

시조새의 원시적인 특징
1. 긴 꼬리
2. 앞다리의 갈고리 발톱
3. 이빨

원시적인 특징을 지닌
시조새는 새와 그 선조를
연결하는 중간종이다.

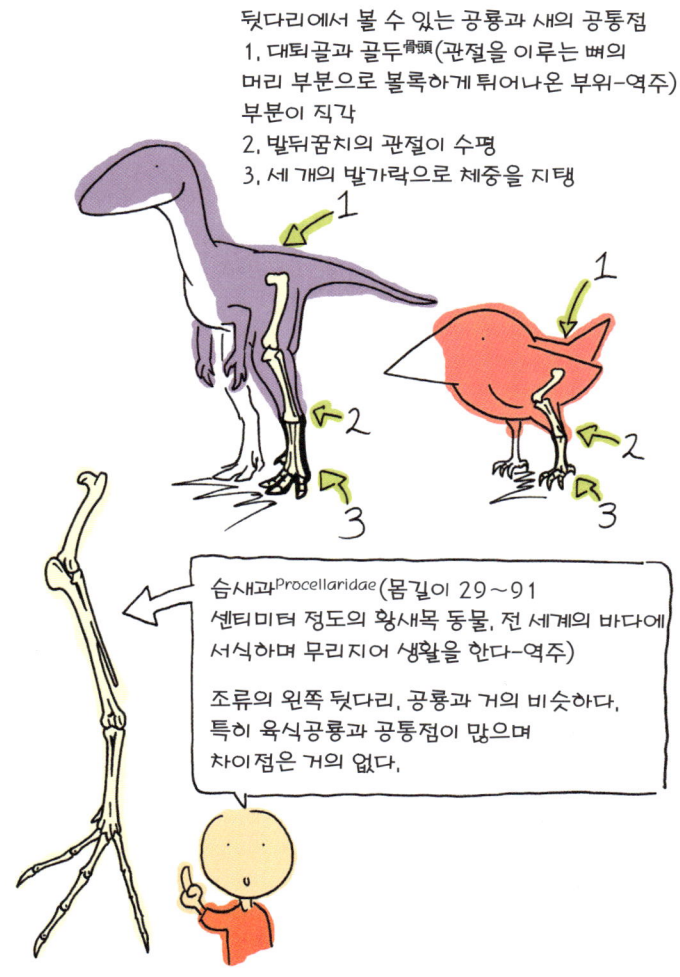

뒷다리에서 볼 수 있는 공룡과 새의 공통점
1. 대퇴골과 골두骨頭(관절을 이루는 뼈의 머리 부분으로 볼록하게 튀어나온 부위-역주) 부분이 직각
2. 발뒤꿈치의 관절이 수평
3. 세 개의 발가락으로 체중을 지탱

습새과Procellaridae(몸길이 29~91 센티미터 정도의 황새목 동물, 전 세계의 바다에 서식하며 무리지어 생활을 한다-역주)

조류의 왼쪽 뒷다리, 공룡과 거의 비슷하다. 특히 육식공룡과 공통점이 많으며 차이점은 거의 없다.

🌱 헉슬리와 시조새

그렇다면 시조새를 낳은 동물군群이란 무엇이었을까? 이 문제를 해결하기 위해 등장하는 인물이 바로 토마스 헉슬리Thomas Henry Huxley(

1825~1895, 영국의 생물학자로 다윈과 함께 진화론을 정립했다. '검증하지 못한 부분은 알 수 없다'는 뜻으로 불가지론$^{Agnosti-cism}$이란 용어를 처음 사용했다-역주)이다. 생물학자이자 박물학자였던 그는 다윈의 친구로, 병약했던 다윈 대신 진화론을 반대하는 당시의 종교 세력이나 연구자들과 싸우기도 했다. 헉슬리는 새가 공룡과 거의 비슷한 특징을 공유한다는 사실을 깨달았는데, 특히 육식 공룡과 새의 뒷다리는 너무나 비슷했다. 그는 이러한 사실을 바탕으로 새가 공룡에서 진화했다고 생각해 소형 육식 공룡과 새를 하나의 그룹으로 간주했다.

　다윈과 헉슬리. 그들의 시대로부터 약 150년이라는 시간이 흘렀다.

그동안 연구자들은 지층에서 더욱더 많은 데이터를 찾아내, 이를 분석하는 방법과 분석한 데이터를 빠르게 처리하는 기술을 손에 넣었다. 이렇듯 기술 발전을 통해 더더욱 많은 데이터를 얻었지만, 그럼에도 현대의 연구자들은 헉슬리의 가설을 지지해 새가 공룡에서 진화했다고 믿는다.

🌱 시조새를 새라고 생각하지 않는 사람

그러나 현대에 와서 시조새를 새로 인정하지 않는 연구자들이 나타났다. 이들은 "시조새와 현대 새는 골격이 별로 비슷하지 않은 데 반해, 시조새와 육식 공룡의 골격은 굉장히 비슷하다. 그리고 시조새는 새보다 공룡과 공통점이 더 많다."라는 근거를 들어 시조새가 공룡이라고 주장했다.

이 주장에 대해 많은 사람이 이렇게 생각할지 모른다. '시조새는 깃털에 날개까지 있어. 아무리 생각해도 영락없는 새잖아.' 그러나 시조새가 공룡이라고 주장하는 사람들이 이렇게 반론하면 어떨까?

"공통점이 증거가 된다면, 증거 수로 따졌을 때 우리가 더 우세하다고. 시조새는 이빨도 있고, 앞다리에 갈고리 발톱도 있는데다, 꼬리까지 길잖아."

이렇게 되면 시조새를 새라고 주장하는 쪽이 상당히 불리해진다. "시조새는 새."라는 주장을 뒷받침하는 증거는 깃털과 날개 이 두 가지다. 반면에 "시조새는 공룡"이라는 주장을 뒷받침하는 증거는 이빨, 갈고리 발톱, 긴 꼬리까지 총 세 가지다. 이미 2 대 3, 수적으로 열세다. 이뿐만 아니라 세세한 특징까지 살펴보면 시조새가 공룡이라는 증거는 훨씬 더 늘어난다.

이렇게 가설의 우수성이 증거의 수로만 결정된다면 시조새가 새라는

주장은 굉장히 불리해지는 것이다. 그렇다면 시조새는 정말 공룡인 걸까? 사실 이 문제에 대한 대답은 다음과 같다. "진화를 탐구하는 데는 새로운 증거만 허용한다. 그러므로 시조새는 새라는 주장이 옳다."

진화를 탐구하는 데는 새로운 증거만 허용한다? 이건 또 무슨 소린가?

🌱 둥근얼굴 행성

여기서 잠깐 다른 방향으로 생각해 보자. 어떤 행성에 둥근얼굴이라고 불리는 동물이 있다. 이 동물은 둥글게 생긴 얼굴에 달랑 다리만 달린, 아무리 봐도 우스운 모습을 하고 있으며 언제나 변함없이 풀숲에서 벌레를 잡아먹으며 살아간다.

자, 이후로 5000년이란 시간이 흘렀다. 둥근얼굴은 여전히 산과 들에서 한가롭게 살고 있지만, 숲 속에는 조금 다른 동물이 등장했다. 둥근얼굴과 거의 비슷하게 생겼지만 머리에 털이 세 가닥 나 있는 것이 특징이다. 이 동물은 사실 5000년 동안 둥근얼굴에서 진화한 생물이다. 털세가닥은 자기들끼리 마주쳤을 때 머리털을 자랑이라도 하듯 상대방에게 내보인다. 인간으로선 이해할 수 없는 행동이지만, 이것은 그들이 성적인 매력을 발산하거나 인사를 할 때 보이는 행동이다.

여기서 다시 만 년이 흘렀다. 둥근얼굴은 아직도 산과 들에서 생활하고 있다. 아마도 주변 환경에 제대로 적응해서 변화할 필요를 못 느꼈기 때문일 것이다. 뭐든 가리지 않고 먹어서일까, 아니면 원래 몸이 튼튼했기 때문일까, 만 년이나 지났는데도 달라진 점이 거의 없다.

털세가닥도 그다지 변하지 않았다. 숲 속에서 조용히 살고 있으며, 상대방에게 머리털을 보여주는 습성도 여전하다.

그러나 지금은 만 년 전에는 볼 수 없었던 동물이 출현했다. 얼굴도 둥근얼굴이나 털세가닥보다 훨씬 거대한 삼각형 모양의 얼굴에 멋지게 위로 말려 올라간 콧수염까지 있다. 커다란 몸을 흔들면서 숲 속을 돌아다니는 이 동물과 마주친 털세가닥은 깜짝 놀라 후다닥 도망쳐 버리지만, 사실 이 삼각형 얼굴의 동물, 멋진수염은 털세가닥에서 진화한 동물이다. 그 증거로 멋진수염의 얼굴 꼭대기에도 털이 세 가닥 나 있다.

뭐가 어떻게 된 것일까? 만 년 동안 그들은 급격하게 진화한 것이다. 멋진수염은 상대방을 만났을 때 콧수염과 키를 비교한다. 콧수염이 길고 보기 좋게 말려 있을수록 건강하며, 키가 클수록 인기가 있다. 이런 기준이 멋진수염을 지금의 모습이 되도록 급격한 진화를 일으킨 요인이 되었다. 멋진수염은 털세가닥의 자손이라고 생각하기 어려울 정도로 엄청나게 변모하여, 두 종의 혈연관계를 나타내는 것은 머리에 난 세 가닥의 털뿐이다.

🌱 둥근얼굴의 역사를 재현하다

여기서 둥근얼굴, 털세가닥, 멋진수염을 단순히 공통점으로만 비교해서 어느 종과 어느 종이 가까운 사이인지 추리했다고 하자. 이때 우리는 어떤 판단을 내릴까? 둥근얼굴과 털세가닥은 둘 다 둥근 얼굴에 몸집이 작고, 콧수염이 없다는 세 가지 공통점이 있다. 이에 반해 멋진수염과 털세가닥은 털이 세 개라는 공통점 단 하나밖에 없다. 공통점의 개수만으로 따지면 답은 분명하다. 둥근얼굴과 털세가닥이 근연종이고, 멋진수염은 이 둘과는 관계가 멀다고 생각해도 이상하지 않다. 그런데 세 동물의 진

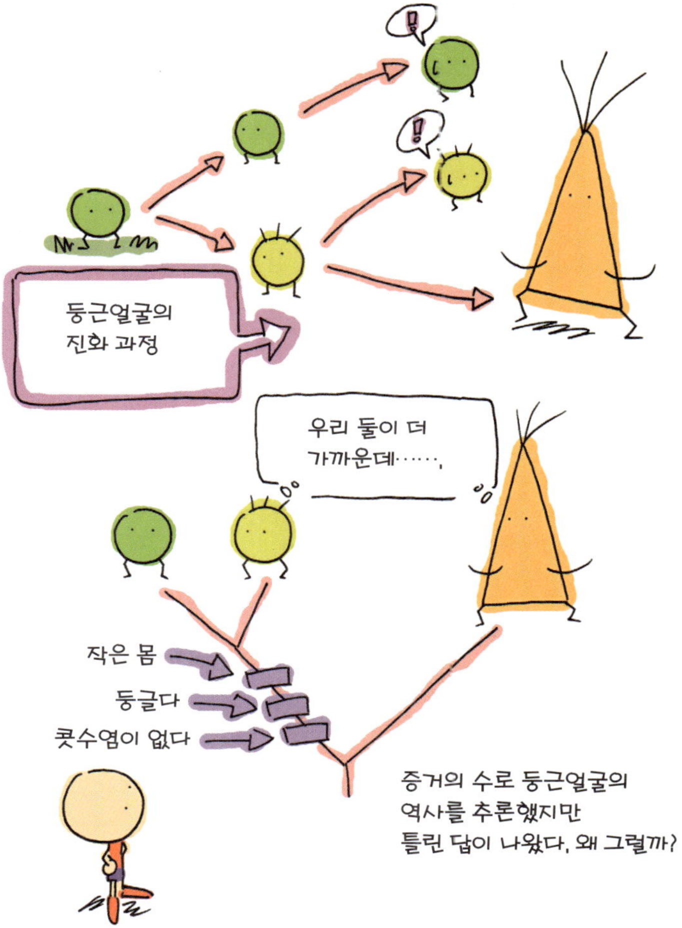

둥근얼굴의
진화 과정

!

!

우리 둘이 더
가까운데……,

작은 몸
둥글다
콧수염이 없다

증거의 수로 둥근얼굴의
역사를 추론했지만
틀린 답이 나왔다, 왜 그럴까?

화 과정을 떠올리면, 이 결론이 뭔가 잘못됐음을 알 수 있다. 실제로는 털
세가닥과 멋진수염이 근연종이기 때문이다. 우리는 꼼꼼하게 증거의 수
를 비교하여 판단했는데도 틀린 답을 내놓고 말았다. 왜일까?

이 문제를 푸는 비밀은 다음과 같다. 증거에는 쓸모 있는 것과 그렇지 않은 것이 있다. 그래서 쓸모 있는 데이터와 그렇지 않은 데이터를 혼동하면 역사를 재현하는 일에 실패할 수도 있다. 우리가 털세가닥의 역사를 올바르게 재현하지 못한 것도 바로 이 때문이다. 그럼 쓸모 있는 데이터와 쓸모없는 데이터란 뭘까?

🌱 쓸모 있는 데이터란 무엇인가?

만약 우리가 털세가닥의 역사를 미리 알고 있었으면, 머리에 난 세 가닥의 털이 쓸모 있는 증거라는 사실을 알아챘을 것이다. 실제로 이 특징에 초점을 맞추면 털세가닥과 멋진수염을 한 그룹으로 묶을 수 있다. 반면 둥글고 작은 얼굴, 콧수염이 없는 특징은 털세가닥의 진화를 탐구할 땐 쓸모없는 증거라는 사실도 눈치 챘을 것이다. 이 특징에 초점을 맞추면 털세가닥이 둥근얼굴과 같은 그룹으로 묶여버리기 때문이다.

이처럼 '쓸모 있는 데이터'와 '쓸모없는 데이터'의 차이는, 그 특징이 '새로운 것인가, 혹은 낡은 것인가'와 관계가 있다. 즉, 털이 세 개 있는 것은 새로운 특징이기 때문에 쓸모 있는 증거가 된다. 그러나 둥글고 작은 얼굴과 콧수염이 없는 것은 낡은 특징이기 때문에 쓸모가 없다. 역사를 재현할 때 유효한 것은 새로운 특징으로, 자연히 낡은 특징은 쓸모가 없어진다.

🌱 다시 한 번 묻겠다. 시조새는 새일까 공룡일까?

다시 시조새 이야기로 되돌아가 보자. 시조새가 새라고 주장하는 연구자가 내놓은 증거는 깃털과 날개 이 두 가지이며, 시조새가 공룡이라고 주장하는 연구자가 내세운 증거는 이빨, 발톱, 긴 꼬리까지 세 가지이다. 이 중에서 어느 쪽이 쓸모 있는 증거이고, 어느 쪽이 낡아서 쓸모없어진

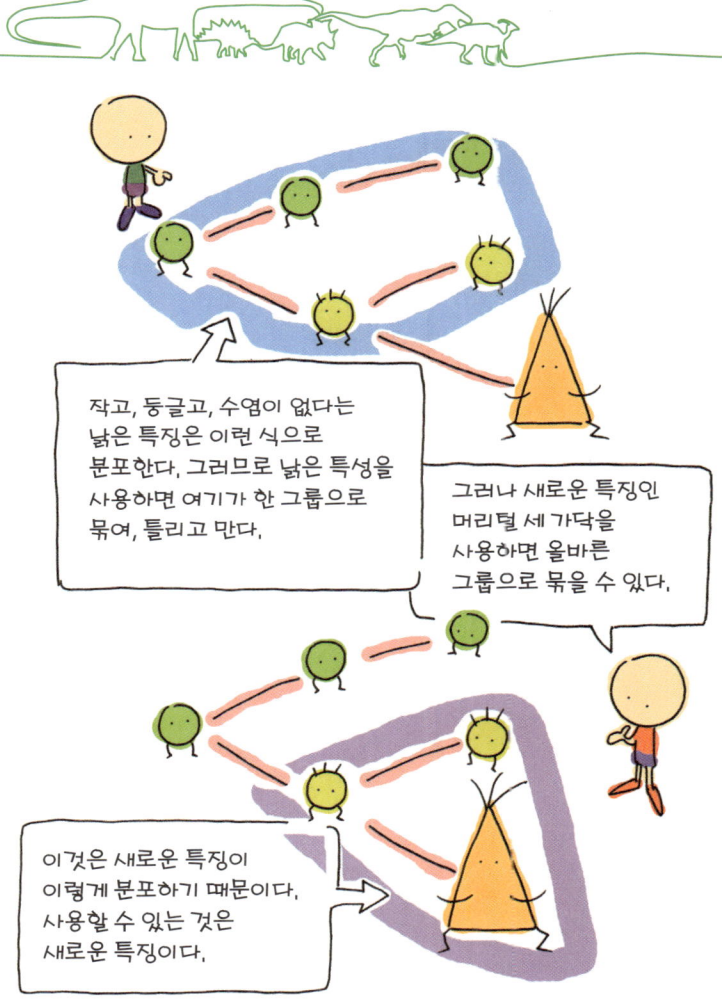

작고, 둥글고, 수염이 없다는 낡은 특징은 이런 식으로 분포한다. 그러므로 낡은 특성을 사용하면 여기가 한 그룹으로 묶여, 틀리고 만다.

그러나 새로운 특징인 머리털 세 가닥을 사용하면 올바른 그룹으로 묶을 수 있다.

이것은 새로운 특징이 이렇게 분포하기 때문이다. 사용할 수 있는 것은 새로운 특징이다.

특징일까?

　관련 연구자들은 새로운 특징과 낡은 특징을 선별하는 방법을 오랫동안 연구했다. 그 결과 여러 가지 방법론이 고안되었지만, 이 중에서 가장 효과적인 방법은 '외군비교법outgroup comparison'이다. 어렵게 들리는 말이지만 핵심은 간단하다.

- 조사하고자 하는 생물을 보다 원시적인 종과 비교했을 때,
  원시적인 종이 같은 특성을 지니고 있으면 낡은 증거.
- 지니고 있지 않은 특성이라면 새로운 증거.

　　다시 한 번 예를 들어보자. 고려시대와 조선시대가 지닌 특성 중 어느 것이 새롭고 어느 것이 낡은 것인지를 판단하려면 이들 시대보다 더 과거인 통일신라시대와 비교해 보면 된다. 통일신라시대에는 이미 절이 출현했다. 그러므로 절은 낡은 특징이 되어 쓸모가 없어진다. 같은 이유로, 농경이나 철기도 사용할 수 없는 특징이 된다는 사실을 알았을 것이다. 한편 통일신라시대에는 경복궁이 없었다. 그러므로 조선시대의 경복궁은 새로우면서 쓸모 있는 특징이 된다. 이처럼 통일신라시대와 비교했을 때, 경복궁의 존재 등을 근거로 조선시대를 현대와 '가까운 시대'로 배치하면, 바르게 판단한 것이다.

　　시조새는 육식 공룡과 비교하면 된다. 시조새가 공룡이라고 주장하는 연구자가 내세운 이빨과 발톱과 꼬리는 모두 육식 공룡에게서도 볼 수 있는 특징이다. 그러므로 이 세 가지 증거는 낡은 특징이 되어, 증거로서 무력해진다.

　　한편 시조새가 새라고 주장하는 연구자가 증거로 내세우는 깃털과 날개는 어떨까? 이것은 육식 공룡에게는 나타나지 않는 새로운 증거이기 때문에 둘 다 사용할 수 있다. 최근에는 깃털이 달린 공룡이 발견되어 깃털도 낡은 특징이 되어버렸지만 그래도 여전히 날개라는 훌륭한 특징이 남아 있다. 그러므로 시조새가 새라고 주장하는 의견이 우세함에는 변함이 없다. 반대 의견을 주장하는 사람들이 내세울 근거가 지금은 바닥났기 때문이다.

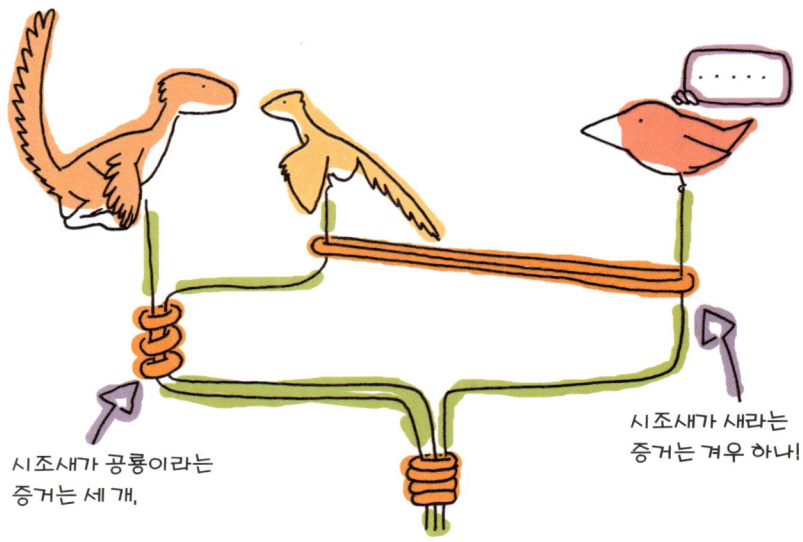

시조새가 공룡이라는
증거는 세 개,

시조새가 새라는
증거는 겨우 하나!

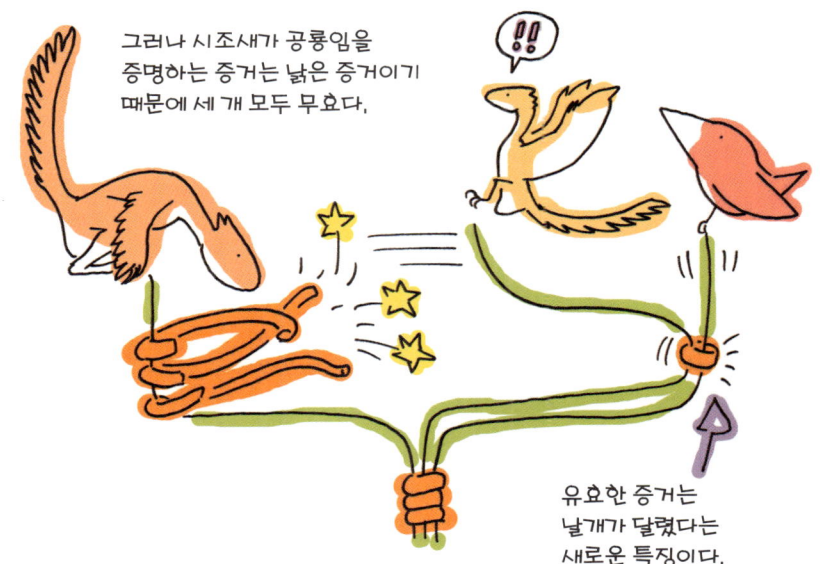

그러나 시조새가 공룡임을
증명하는 증거는 낡은 증거이기
때문에 세 개 모두 무효다.

유효한 증거는
날개가 달렸다는
새로운 특징이다.

새로운 데이터가
가설을 바꾼다

진화의 역사를 탐구할 때는 새로운 특징이 유효한 증거가 되며 그 증거가 강하게 지지하는 가설을 선택해야 한다. 증거가 강하게 지지한다는 말은 무슨 뜻일까? 사인배열처럼 예외적인 것은 제외하고 말하면, 증거의 수가 많은 가설이라고 생각하면 된다.

가능한 한 증거가 많은 가설을 선택할 것. 일찍이 연구자들은 이 방법론을 바탕으로 생물의 역사를 탐구해 왔다. 사실 새의 진화를 둘러싼 논쟁은 이 방법론이 다른 방법론을 제압해 온 역사이기도 하다. 새의 진화와 비행의 발달에 관해 다음과 같은 가설이 유행하던 때가 있었다. 나무 위에서 생활하며 가지에서 가지로 이동할 때 활공했던, 날다람쥐와 도마뱀을 섞어 놓은 것처럼 생긴 파충류가 있었다. 예를 들면 롱기스쿠아마가 그런 동물이다. 그저 예를 든 것이니 '응? 롱기스쿠아마는 등에 깃털(같은 것)이 나 있지 않나?'라고 집요하고 파고들지 말고 그냥 넘어가도록 하자. 이 동물은 머지않아 날갯짓을 하더니, 결국 자신의 힘으로 비행하는 새로 진화했다. 즉, 새의 기원은 공룡이 아니라 나무 위에 사는 동물이라는 가설인데, 이를 수상설^{樹上說}이라고 한다.

이 가설은 처음에는 상당히 그럴싸하게 들려 한때 굉장한 인기를 끌었다. 앞에서 소개한 헉슬리의 "새는 공룡에서 진화했다"는 설마저도 일시적으로 잊어버리게 할 정도로 말이다. 그러나 1970년대에 들어서자, 학계에서는 새와 공룡의 관계를 재조명하기 시작했다. 미국 예일대학의 오스트롬^{John H. Ostrom} 교수가 일부 육식 공룡과 새 사이에 지금까지 밝혀진

새는 나무 위에 살았던
파충류에서 진화했다.
이러한 수상기원설은 1927년부터
1986년까지 약 반세기 동안
널리 유행했다.

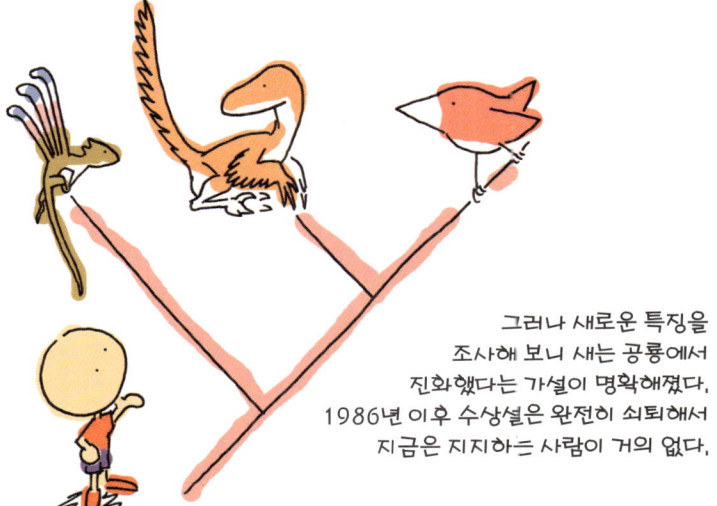

그러나 새로운 특징을
조사해 보니 새는 공룡에서
진화했다는 가설이 명확해졌다.
1986년 이후 수상설은 완전히 쇠퇴해서
지금은 지지하는 사람이 거의 없다.

것 이상의 공통점이 있다는 사실을 발견했기 때문이다. 그리고 1986년 예일대학의 또 다른 교수인 쟈크 고티에^{Jacques Gauthier}는 '새로운 특징'만을 사용하여 분석 연구하여 새가 공룡에서 진화했다는 결과를 발표했다. 이러한 주장에 힘입어 "새의 조상은 공룡"설이 부활했고 수상설은 데이터가 부족한 것이 탄로 나 힘을 잃고 점점 쇠퇴해 갔다.

가설을 세운 근거는 오스트롬이나 고티에 교수와 달랐지만, 결과적으로 헉슬리의 가설은 옳았다. 우리는 수상설 때문에 한동안 헉슬리의 가설에서 멀어졌다가 오스트롬과 고티에의 연구를 통해 다시 그의 가설로 돌아온 것이다. '뭐야, 연구자들은 1980년대가 다 지나가도록 방법론도 검토하지 않은 채, 몇 십 년이나 쓸데없는 논쟁을 했단 말인가?'라고 생각하는 사람도 있을 것이다. 그러나 과학은 원래 이렇게 진보한다. 새롭고 혁신적인 생각이 출현해 새로운 가설이 탄생하면, 쓸모없어진 낡은 방법론과 거기에 입각해 세워진 가설은 차츰 힘을 잃고 결국에는 소멸하는 것이다. 과학의 역사란 본래 이런 것이며, 이 내용은 3장과 4장에서 더 자세히 접할 수 있다.

🌱 지상의 모습

1986년 고티에 교수가 얻은 "새의 조상은 공룡이었다."는 결과는 '새는 어떻게 날게 되었나?'라는 생각에도 영향을 주었다. 왜냐하면 새의 조상인 공룡은 두말할 것 없이 지상성^{地上性}동물이기 때문이다. 우리는 입수한 데이터를 이용해 사물을 추론하고 예측한다. 공룡은 지상 생활을 하는 동물이기 때문에 입력된 데이터 중에 "나무 위에서 생활함"이라는 항목이 없는 이상, "나무 위에서 날아오름"이라는 답이 출력될 리가 없다.

고대의 새인 시조새 역시 사실상 육상에서 생활한 동물이라고 생각해

현대의 새는 대퇴부가
앞으로 밀려 있어서,
허리 관절보다 훨씬 앞쪽에서
몸을 지탱하고 있다.

이런 자세입니다.

중심 위치는 여기

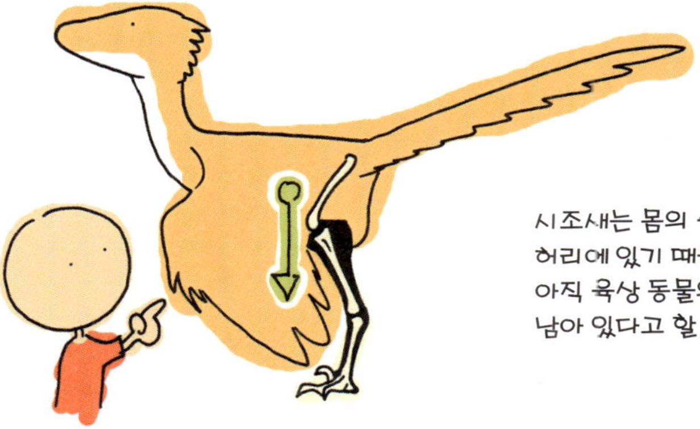

시조새는 몸의 중심이
허리에 있기 때문에,
아직 육상 동물의 모습이
남아 있다고 할 수 있다.

111

야 옳다. 육상에 사는 거의 모든 척추동물은 뒷다리가 주 동력원이다. 인간도 개나 고양이도 마찬가지다. 그러나 새는 그렇지 않다. 새는 날개로 하늘을 날기 때문에 앞다리가 주 동력원이 되었다. 그래서 현대의 새는 몸의 중심이 날개가 있는 가슴 부근에 있다. 주 동력원이 있는 자리에 중심이 오는 것은 당연한 일이기 때문이다. 게다가 두 다리로 서려면 몸의 중심이 더더욱 앞으로 가야 했기 때문에 새의 다리는 자연히 가슴 쪽으로 당겨지게 되었다.

하지만 시조새는 달랐다. 시조새는 새로 분류되는데도 몸의 중심이 허리에 있었다. 긴 꼬리가 있는 시조새의 모습이 이런 사실을 뒷받침한다. 날 수는 있지만 아직 육상 동물의 모습이 남아 있었다고 해야 옳다. 오토바이에 날개를 붙여서 "이것은 비행기입니다."라고 말하는 것과 비슷하다고나 할까?

100년 전 라이트 형제Wright brothers가 처음으로 비행에 성공했다. 놀랍게도 이때 사용된 엔진의 성능은 현재의 250cc 오토바이보다 못했다고 한다. 시조새도 라이트 형제의 비행기와 비슷하다고 생각하면 이해가 쉬울 것이다. 바로 이런 특징이 시조새야말로 과도기를 거치고 있는 전형적인 중간 생물임을 보여준다. 동시에 새의 조상이 육상에서 걸어 다닌 동물이라는 것을 강하게 암시하고 있다. 적어도 날다람쥐 같은 조상에서 진화했다고는 생각할 수 없도록 말이다.

🔱 대두하는 지상설

1990년대에 접어들자 수상설이 몰락하면서 새가 지상에서 날아올랐다는 '지상설'이 힘을 얻기 시작했다. 비행기가 활주로를 달려서 이륙하는 모습을 떠올리면 이해하기 쉬울 것이다. 물론 비행기는 생물이 아니지

1990년대에 대두된 지상설, 새의 선조인 공룡은 땅 위를 달리는 동물이었다.

작은 날개였지만 전방으로 추진력을 발생시켜 뒷다리를 보조했다.

달리는 속도가 점점 빨라졌다.

충분한 속도를 얻은 공룡은 마침내 이륙했다. 이런 식으로 새가 탄생했다.

이는 비행기의 이륙 원리와도 비슷하다. 비행기도 충분한 양력을 얻어 날려면 빠른 속도가 필수적이며, 이 속도에 다다를 때까지 활주해야만 한다.

만 말이다. 그러나 실제로 이런 과정을 거쳐 공중을 나는 생물이 있다. 바로 날치다. 아무리 생각해도 날치의 선조는 나무 위를 뛰어다녔을 만한 동물은 아니다. 해수면과 지상이라는 차이가 있지만, 날치도 비행기처럼 평평한 표면에서 이륙해서 날아올랐다. 지상을 달리는 동물도 날치와 마찬가지 과정으로 날개를 얻고 이륙하여, 결국 자신의 힘으로 비행할 수 있는 새로 탄생했다는 것이 지상설의 주장이다.

이런 사실로부터 몇몇 연구자들은 새의 진화를 다음과 같이 생각했다. 육식 공룡은 두 개의 뒷다리로 걷는다. 그래서 필연적으로 앞다리는 자유롭게 쓸 수 있다. 게다가 일부 육식 공룡은 깃털이 나 있었다. 깃털은 원래 몸을 따뜻하게 유지하는 겉옷과 비슷한 역할만 했지만, 가슴에 난 긴 깃털을 원시적인 날개로 발달시킨 종이 출현했다. 원시적인 날개는 지상을 달릴 때 방향 전환 등의 용도로만 사용했을지 모른다. 하지만 이런 원시적인 최초의 날개도 앞다리를 세게 흔들면 추진력을 얻을 수 있었다.

공룡의 주 동력원은 뒷다리이다. 그러나 그중에서 날개가 있는 공룡은 앞다리를 움직여 뒷다리의 운동을 보조했다. 게다가 날갯짓을 하면 추진력이 생겨 달리는 속도가 빨라졌을 것이다. 비행기도 새도 이륙하려면 충분한 속도가 필요한데, 공룡은 날개를 이용해 빠르게 전진함으로써 몸을 띄우는 양력揚力을 발생시켰다. 또한 진화함에 따라 앞다리의 날개 역할이 점점 커져서 달리는 속도 역시 날로 빨라졌다. 결국에는 몸을 공중으로 띄우기에 충분한 양력을 발생시켜 이륙에 성공했다. 점차 주 동력원의 역할은 뒷다리에서 앞다리로 바뀌어 최종적으로 현대의 새와 비슷한 모습이 완성되었다. 이것이 바로 지상설이다.

지상설은 지금까지 등장한 다음의 데이터를 적극적으로 설명하는 데 적합한 가설이라 여겨져 정설이 되었다.

미크로랍토르Microraptor
몸길이 70~80센티미터, 약 1억 2000만 년 전 중국에서 살았다.
앞다리가 날개가 되었을 뿐 아니라 뒷다리에도 날개로 진화한 긴 깃털이
있었으며, 새와 더없이 가까운 공룡이었다.

미크로랍토르를 근거로 한
새로운 수상설.
나무 위에서 생활하던 공룡이
활공하게 되어 새가 탄생했다는 가설.
그러나 공룡의 몸이 나무에 오르기
적합하지 않다는 것이 난점이다.

115

• 새와 가까운 동물은 모두 지상에서 생활했다.
• 의외로 초기의 새는 지상에서 생활하는 동물의 모습을 하고 있었다.

그런데 2005년에 매우 기묘한 공룡이 발견되어 지상설에 대항하는 새로운 가설이 탄생하는 계기가 되었다.

🔄 새로운 수상설

미크로랍토르는 2005년에 중국의 고생물학자 슈 싱Xu Xing이 발견한 공룡이다. 전체 몸길이는 70센티미터 정도지만 몸의 상당 부분을 긴 꼬리가 차지하고 있어서 실제 몸통이나 머리는 그다지 크지 않다. 까마귀보다 조금 작은 크기로 새를 제외한 공룡 중에서 가장 작다고 볼 수 있다. 이 공룡은 앞다리에 멋진 날개가 달려 있을 뿐만 아니라 뒷다리에도 날개가 있었다. 슈 싱 박사는 미크로랍토르 뒷다리에 난 날개는 단순한 장식이 아니라고 주장했다. 그 이유는 날개를 구성하는 깃털이 깃털심을 중심으로 비대칭으로 나 있기 때문이다. 현대의 새는 이런 형태의 깃털이 앞다리에 나 있다. 이것을 칼깃이라고 부르는데, 단면이 비행기의 날개와 비슷하다. 칼깃은 전방으로 나아갈 때 몸을 띄우는 양력을 만들기 때문에 비행기로 따지면 주날개나 마찬가지다. 이처럼 나는 데 중요한 역할을 하는 칼깃이 앞다리뿐 아니라 뒷다리에도 나 있었기 때문에 슈 싱 박사는 뒷다리 날개를 장식으로 생각하지 않은 것이다.

좌우로 네 개의 날개가 달린 공룡 미크로랍토르. 이들이 공중을 날았다는 것은 의심할 여지가 없다. 그리고 아마도 이들은 나무 위에서 생활했을 것이다. 미크로랍토르의 뒷날개는 인간으로 치면 발등 부분에 달려 있다. 이런 위치에 날개가 있었으니 아마 날렵하게 달리지는 못했을 것이

비탈등반설斜面登板說
바위자고새$^{rock\ partridge}$
(꿩과의 새로 몸길이 32~35
센티미터, 소아시아, 중국, 몽골
등지에 분포하며 건조하고 메마른
바위로 된 경사지, 개방된 산림
지대, 경작지 등에 서식한다-역주)의
새끼는 날개를 보조 동력원으로
사용하여 급격한 비탈도
뛰어올라간다.

그리고 나중에는
오버행^{overhang}
(경사가 90도 이상 되는
암벽 또는 암벽의 일부가
처마처럼 쑥 나와 있는
형태의 바위-역주)
까지도 넘어간다.

그래서 이러한 동작의
연장선에 비행이 있다고
여겨져 왔다.

다. 그리고 발톱은 참새나 까마귀처럼 길고 날카로우며 굽은 형태로, 이
것은 나무에서 지내는 시간이 많은 새에게서 볼 수 있는 특징이다. 때문
에 미크로랍토르는 나무 위에 살면서 가지에서 가지로 날아다녔고, 지상

117

에 내려가는 일은 비교적 적었을 것임이 틀림없다.

엄밀히 말해 미크로랍토르는 새가 아니지만 날개가 있고 날 수도 있었다. 그게 다가 아니다. 미크로랍토르의 골격을 조사해 보면 새와 매우 가까운 동물이라는 것이 여실히 드러난다. 새와는 근연종이면서 나무 위에 살고 하늘을 나는 공룡. 슈 싱 박사는 이런 증거를 근거로 새로운 가설을 제안했다. "새는 공룡에서 진화했다. 그러나 지상에서 직접 날아오른 것이 아니라 일단 나무 위로 올라가서 생활하다가, 가지에서 가지로 날아다니던 공룡이 진화해 자력으로 비행할 수 있는 새가 탄생했다. 미크로랍토르는 그 중간 단계에 남겨진 원시적인 종족일 것이다." 슈 싱 박사의 가설은 말하자면 새로운 수상설이라고 할 수 있다. 이 새로운 수상설과 지상설, 과연 어느 쪽이 옳은 걸까?

🌱 새로운 수상설은 지상설에 묻히고 마는가?

"두 개의 가설 중 어느 한쪽이 옳다고만 할 필요는 없을지도 모릅니다." 일본의 국립과학박물관 연구원으로 일하고 있는 쓰이히지 타카노부對比地 孝亘 박사의 말이다. 쓰이히지 박사는 예일대의 고티에 교수 밑에서 공부를 하기도 했으며, 지금은 파충류와 새 근육의 상동관계相同關係에 대한 연구를 하고 있다. 그는 2003년에 지상설도 새로운 수상설도 아닌, 미국 몬태나대학University of Montana의 케네스 다이얼Kenneth Dial 박사가 제창한 제3의 가설에 대해 언급했다.

다이얼 박사는 메추라기의 친척인 바위자고새의 새끼가 날개를 흥미로운 용도로 사용한다는 사실을 알아냈다. 바위자고새의 새끼는 알에서 부화하자마자 곧장 걸어 다닐 수 있다. 아직은 날개가 작아 날 수 없지만, 얼마 안 있어 달릴 때의 보조 동력원으로 사용하기 시작한다. 비록 작고

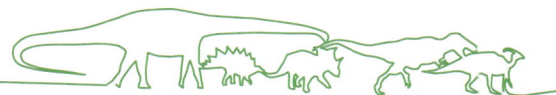

연약한 날개이지만, 뒷다리만으로는 오를 수 없는 경사를 뛰어올라가기에 충분하다. 난다고 할 수는 없다. 비탈이 매끈매끈하면 달려 오르는 순간 미끄러져 버리기 때문이다. 날개는 어디까지나 보조 동력이다. 그러나 보조동력이라 하더라도 바위자고새의 새끼는 결국 오버행까지 오를 수 있다. 이 정도면 앞을 가로막는 장해물이 무엇이든 간에 마음대로 빠져나갈 수 있다.

'새의 날개도 초기에는 이렇게 진화하지 않았을까? 원래 날개는 뒷다리의 보조 동력으로 사용되었는데, 그 흔적이 바위자고새에게 남아 지금까지 전해진 것은 아닐까?' 이것이 다이얼 박사의 가설이다. 박사는 이 가설을 'ontogenetic-transitional wing hypothesis'라고 부른다. 직역하면

카우딥테릭스 *Caudipteryx*
몸길이 70~90센티미터,
약 1억 2000만 년 전 중국에서 살았다.
비교적 새와는 거리가 먼 공룡인데도
원시적인 날개가 있었다.

'발생학적으로 과도기적인 날개설'이지만 그냥 이해하기 쉽게 '비탈등반설'이라고 부르도록 하겠다. 외국 영화가 우리나라에서 개봉될 때 제목이 원제와 전혀 달라지는 예도 자주 있지 않은가?

🌱 날개는 있지만 날지 않는 공룡

비탈등반설을 믿지 않는 사람은 이렇게 말할 것이다. "날개가 보조 동력이었다고? 그런 말도 안 되는 얘기를 믿으라니!" 그렇지만 바위자고새의 새끼가 날개를 보조 동력으로 사용하는 것은 사실이다. 게다가 비탈등반설로 설명할 수 있는 공룡도 있다. 미크로랍토르가 나는 것은 이들이 새와 근연종이라는 사실을 생각하면 당연한 일이다. 그러나 놀랍게도 미크로랍토르나 새와는 근연종이 아닌데도 날개를 지닌 공룡이 있었다.

그 주인공은 바로 미크로랍토르와 거의 같은 시대, 같은 장소에 살았던 카우딥테릭스^{Caudipteryx}라는 공룡이다. 길고 호리호리한 다리에, 타조

카우딥테릭스는 미크로랍토르에
비해 새와는 거리가 먼 공룡이었다.
이것은 공룡이 비행이나
나무에 오르는 것보다 먼저
날개를 획득했다는 사실을 보여준다.

를 축소해 놓은 모습을 하고 있는 이 공룡은 지상을 뛰어다녔음이 명백하다. 앞다리에 날개가 돋아 있지만, 날기에는 너무 작다. 그리고 골격의 특징을 자세히 비교 검토해보면, 이들이 미크로랍토르보다 덜 진화한 공룡이라는 사실을 알 수 있다. 이것을 근거로 진화의 순서를 간단하게 나타내면 다음과 같다.

날개가 없는 육식 공룡 → 작은 날개가 있는 카우딥테릭스 → 커다란 날개가 있는 미크로랍토르 → 원시적인 새인 시조새 → 현대의 새

이 배열을 가만히 살펴보면, 공룡이 새가 되기 전부터 이미 날개가 있었다는 사실이 눈에 들어올 것이다.

"지상에 사는 공룡이면서 비행에 도움이 되지는 않는 날개가 있었다." 이것은 새로운 수상설에 불리한 증거이다. 비행 능력과 날개의 기원이 나무 위에 있다고 한다면, 어째서 땅에 사는 공룡에게 날개가 있는 것일까? 그렇다. 카우딥테릭스는 지상설의 손을 들어주고 있는 것이다. 하지만 지상설은 미크로랍토르를 명쾌하게 설명하지 못한다. 이 아이러니한 상황은 새로운 수상설로도, 지상설로도 속 시원하게 설명할 수가 없다.

🌱 달리는 것이 전문이니까

"원시적인(?) 날개가 있었으니까 나무에 오르는 게 가능했는지도 모릅니다." 쓰이히지 박사는 이렇게 말한다. 사실 공룡이라는 동물은 나무에서 생활하는 데 부적합한 동물이다. 공룡은 우제류와 마찬가지로 뒷다리의 발뒤꿈치 관절이 앞뒤로밖에는 움직이지 않는데, 이런 특징을 보면 공룡 또한 달리는 쪽으로 특화된 생물인 것을 알 수 있다. 대퇴골도 나무를 타는 데는 적합하지 않다. 공룡은 대퇴골의 끝 부분이 L자 형태로 구부러져 있어, 구부러진 부분이 크랭크^{crank}(피스톤의 왕복 운동을 회전 운동으로 바꾸거나 또는 회전 운동을 왕복 운동으로 바꾸는 장치-역주)처럼 허리뼈에 깊숙이 들어가 앞뒤로만 회전하기 때문에 나무를 타기보다 달리는 데 유리하다. 이런 구조의 대퇴골에는 유연성이 없어서 가랑이를 벌리는 동작을 할 수 없다. 그래서 공룡이 다람쥐나 인간과 같은 동작으로 나무를 오르면 대퇴골이나 허리뼈가 부러져 버리는 것이다.

쓰이히지 박사는 이렇게 지적한다. "앞다리도 그다지 다양한 동작을 할 수 없습니다. 손목의 운동성도 한쪽으로만 한정되어 있고, 척추도 그다지 유연하지 못해요. 나무 위에서 생활하기 위한 적응 흔적이 거의 없다고 봐야죠." 과연 맞는 말이다. 공룡에서 진화한 딱따구리조차 나무줄

공룡은 날개가 있었기 때문에
나무 위로도 올라갈 수 있었다.

수상설, 지상설 모두
어쩌면 너무 극단적인
가설인지도 모른다. 비탈등반설은
어느 쪽의 증거든 명쾌하게
설명할 수 있다.

기를 타고 이동할 때는 깡충깡충 뛰어서 움직이지 않는가. 이런 동작은 다람쥐나 날다람쥐, 혹은 원숭이나 나무 위에서 사는 도마뱀 등의 동작과는 전혀 다르며, 나무를 오른다고 하기보다는 나무 위를 걷는다고 표현하는 것이 더 잘 어울린다.

쓰이히지 박사는 공룡이 나무 위에서 생활하기 위한 적응 형태가 확실하게 나타나지 않는 점이 지상설의 또 다른 근거라고 말한다. "날개를 이용해서 비탈이나 수직으로 된 벽을 타고 올라갈 수 있다고 한다면, 나무도 그런 방법으로 올라갈 수 있었겠죠." 필자가 쓰이히지 박사의 이런 설명을 들은 이후, 다이얼 박사가 새로운 논문을 발표했는데, 그 안에도 쓰이히지 박사의 견해와 흡사한 내용이 실려 있었다.

다이얼 박사는 2008년에 이전보다 한층 더 개선된 연구 성과를 발표했다. "바위자고새의 새끼는 성장함에 따라 점점 더 급한 경사면을 오를 수 있게 되고, 결국에는 완벽하게 비행을 해낸다. 비탈을 오르는 단계에서부터 비행에 성공하기까지가 기본적으로는 완전히 같은 동작이기 때문에, 비탈을 오르는 동작이 비행 시에도 그대로 운용될 수 있다."는 것이었다.

다이얼 박사의 가설은 카우딥테릭스의 날개에 대해 명쾌하게 설명해 준다. 그들은 원시적인 날개를 이동할 때 보조 동력으로 사용했던 것이다. 마치 바위자고새의 새끼처럼 여러 가지 장해물을 자유자재로 피하면서 달렸을 것이다. 게다가 이 가설은 나무 위에서 생활하는 미크로랍토르의 존재도 설명할 수 있다. 분명히 날개가 있었기 때문에 나무 위로 올라갈 수 있었을 것이다. 새의 날개와 비행의 진화가 이런 과정으로 일어났다면, 이는 상당히 흥미로운 일 아닌가. 다이얼 박사의 가설이 어느 정도 타당한지는 앞으로 발견될 새로운 데이터에 의해 검증될 것이다.

EVOLUTION 3

카우딥테릭스는
새였다?

그럼 여기서 잠시 다른 이야기를 해보자. 2002년에 조금 독특한 내용의 논문이 발표되었다. 발표한 사람은 폴란드의 고생물학자 테레사 마리얀스카^{Theresa Mariánské} 박사로, 그녀는 카우딥테릭스를 포함한 일부 공룡이 새라고 주장했다.

일반적으로 카우딥테릭스를 오비랍토사우리아하목^{Oviraptosauria infraorder}의 공룡으로 간주하고 있지만, 마리얀스카 박사는 195개의 데이터를 분석한 끝에 이들이 새라는 결론을 내렸다. 그녀는 여기에 그치지 않고, 이들이 시조새보다 더 진화한 새라는 주장도 했다. 이 주장대로라면 카우딥테릭스가 날개를 지닌 것이 전혀 이상한 일은 아니다. 새라면 당연히 날개가 있어야 하니까. 하지만 이들은 날지 않는 새였다. 만약 이 주장이 사실이라면 다이얼 박사의 비탈등반설은 설득력을 잃고 만다.

마리얀스카 박사의 가설은 참으로 대담하기 그지없지만, 이를 뒷받침하는 증거가 꽤 있다. 먼저 오비랍토사우리아하목의 공룡도 새도 모두 뺨의 뼈가 막대기처럼 길쭉하지만 다른 공룡은 이 뼈의 폭이 넓다. 그리고 무엇보다 오비랍토사우리아하목의 공룡은 대체로 이빨이 없는 것이 인상적인 특징이다. 반면에 원시적인 새인 시조새는 이빨이 있지만 여기서 진화한 현대의 새는 이빨이 없다. 박사는 이러한 데이터가 오비랍토사우리아하목의 공룡이 새이며, 오히려 시조새보다 더 진화한 생물임을 보여주는 결정적인 증거라고 생각했다.

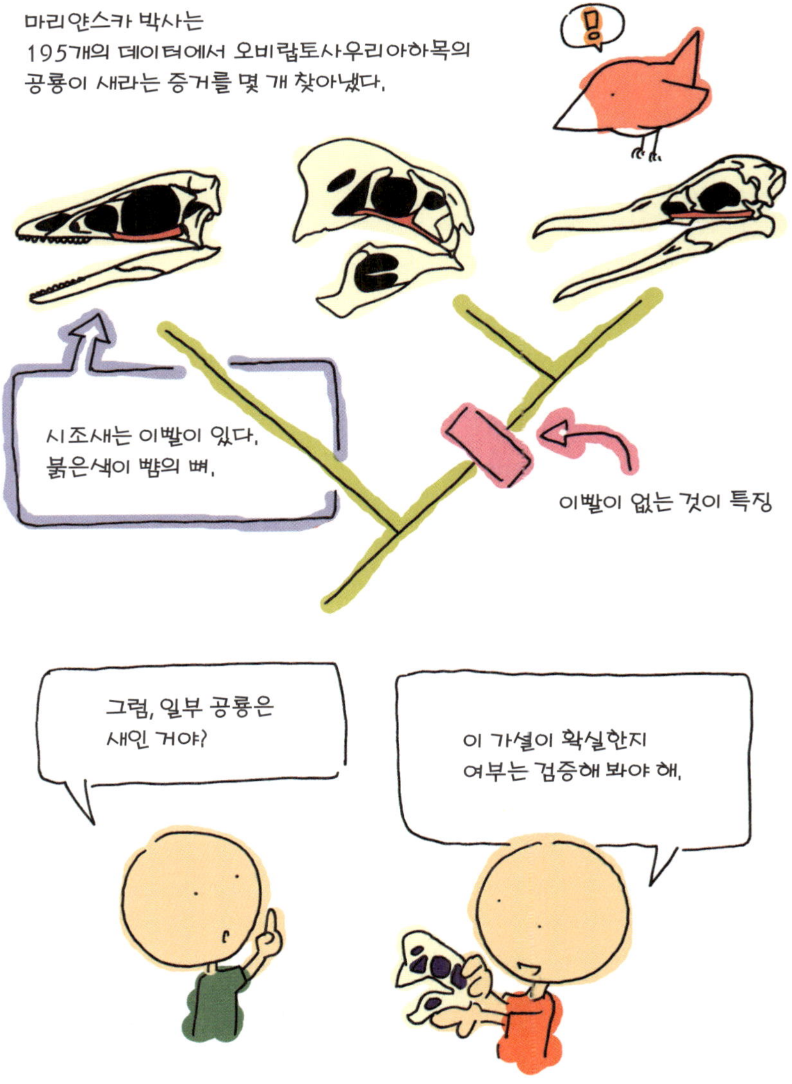

마리얀스카 박사는
195개의 데이터에서 오비랍토사우리아하목의
공룡이 새라는 증거를 몇 개 찾아냈다.

시조새는 이빨이 있다.
붉은색이 뺨의 뼈.

이빨이 없는 것이 특징

그럼, 일부 공룡은
새인 거야?

이 가설이 확실한지
여부는 검증해 봐야 해.

🌱 이빨이라는 증거

마리얀스카 박사가 논문을 쓴 2002년, 중국에서 보고된 인키시보사우루스Incisivosaurus는 마리얀스카 박사의 가설을 검증하는 데 안성맞춤인 데이터였다. 인키시보사우루스는 매우 원시적인 오비랍토사우리아하목의 공룡이지만, 상당히 흥미로운 특징을 지니고 있었다. 일례로 이 공룡의 뺨 뼈는 새처럼 가늘지 않고 넓적한 형태일 뿐 아니라, 앞니도 나 있었다. 인키시보사우루스의 존재를 보고한 사람은 미크로랍토르를 발견한 슈 싱 박사로, 그는 이 데이터로부터 오비랍토사우리아하목은 역시 공룡이라는 분석 결과를 얻었다. 아울러 그는 마리얀스카 박사가 내세운 증거를 두고 그저 새의 특징과 우연히 닮은 것일 뿐이라고 말했다.

지금까지 언급하진 않았지만, 사실 카우딥테릭스는 이빨이 있다. 여기에 또 한 번 찬물을 끼얹는 것 같아 미안하지만, 시조새보다 진화한 새도 어엿한 이빨이 있다. 이렇게 되면 이빨이 없다는 특징이 반드시 진화한 새라는 공식은 성립하지 않는다. 마리얀스카 박사는 데이터를 분석할 때 이빨이 있는 새를 더하지 않은 것이다. 즉, 이 가설은 이빨이 있는 새를 포함하지 않았기 때문에 얻을 수 있었던 결과인 셈이다. 이러한 사실을 고려하면, 오비랍토사우리아하목이 새라는 마리얀스카 박사의 이론은 처음부터 그다지 신빙성이 없었던 가설이라는 결론이 나온다.

이런 이유로 이 책에서는 일반적인 견해대로 오비랍토사우리아하목이 새가 아닌 공룡이라는 주장을 채택했다. 카우딥테릭스가 새일지도 모른다고 기대했던 독자에게는 미안하지만, 이 가설은 설득력이 없다. 게다가 최근에 발표된 몇 개의 논문도 카우딥테릭스가 공룡이라는 가설을 지지하고 있다.

앞니?

인키시보사우루스는
앞니가 있는 원시적인
오비랍토사우리아하목의
공룡이었다.

카우딥테릭스

인키시보사우루스

......

두 종 모두
앞니가 있고 뺨의 뼈가
넓으며, 새를 나타내는
특징은 없다.

오비랍토사우리아하목과
새와의 공통점은
우연일 뿐이다.

🌱 시조새는 새가 아니다?

인간이 새에게 갖는 관심은 그야말로 지대하다. 그 때문일까, 새의 진
화에 대해서는 언제나 화제가 끊이질 않는다. 앞에서 소개한 마리얀스카

박사의 가설도 그중 하나이며 다른 사례도 무궁무진하다. 그중에는 상식적으로는 생각할 수조차 없는 것도 더러 있다. 예컨대 새의 발가락은 2개, 3개 혹은 4개니까 공룡이 아니라고 주장하는 사람도 있고, 두 가지 화석을 조합해서 아르카이오랍토르^{Archaeoraptor}(새와 공룡의 연결고리를 발견했다고 해서 내셔널 지오그래픽에서 대대적으로 기사화되고 학명도 부여받았지만, 중국 농부가 돈을 벌려고 여러 가지 화석을 조합한 것으로 밝혀졌다-역주)라는 이름까지 붙여 마치 공룡과 새의 연결고리를 발견한 양 사기를 친 사람도 있었다. 시조새보다 원시적인 새인 프로토아비스^{Protoavis}(시조새보다 7500만 년이나 앞선 시대의 생물이지만 화석의 보존 상태가 좋지 않고 여러 화석을 섞어서 만들었을 것이라는 의혹이 있어 학계에서 인정받지 못하고 있다-역주)는 아르카이오랍토르와 함께 비도덕적인 예로 기억될 것이다. 이런 이야기를 일일이 설명하려면 책 한 권으론 부족할 테니, 여기서는 그나마 진실하면서도 꽤 흥미로운 주장 하나만 소개하려 한다.

2005년에 "시조새는 우리가 생각한 것보다 새와 가까운 동물이 아니었다."라는 내용의 논문이 발표되어 세상을 떠들썩하게 만들었다.

앞에서 "시조새는 공룡이다."라는 의견을 소개했다. 물론 이 주장은 낡은 증거에 입각한 근거 없는 의견이다. 그러나 "시조새는 새다."라는 견해 역시 증거가 부족한 것은 마찬가지다. 시조새가 새라는 것을 뒷받침하는 증거는 날개의 존재뿐이었다. 그러나 이제는 카우딥테릭스도 날개가 있다는 사실까지 알게 되었으니 날개 역시 낡은 특징이 되어 그 힘을 잃고 만 것이다. '양력을 발생시키는 날개'라고 특별히 제한한다 해도(카우딥테릭스의 날개는 양력을 만들지 못한다.) 미크로랍토르에게도 이 특징이 있다. 즉, 시조새의 날개는 이제 더 이상 쓸모 있는 증거가 아니라는

열 번째 시조새 표본을 조사하여 알게 된 것

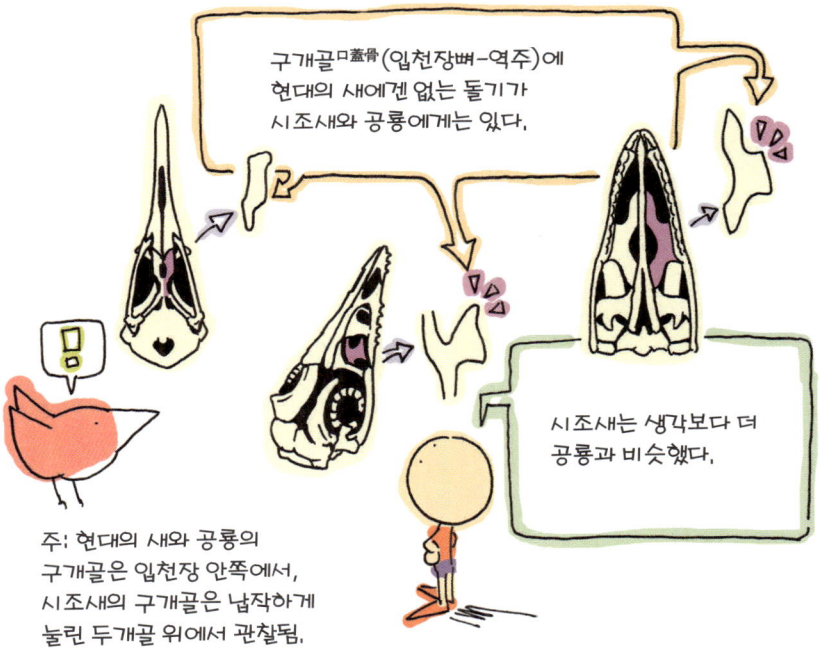

구개골ㅁ蓋骨(입천장뼈-역주)에 현대의 새에겐 없는 돌기가 시조새와 공룡에게는 있다.

시조새는 생각보다 더 공룡과 비슷했다.

주: 현대의 새와 공룡의 구개골은 입천장 안쪽에서, 시조새의 구개골은 납작하게 눌린 두개골 위에서 관찰됨.

것이다. 물론 이 책에서 소개한 증거가 너무 적었던 것일 수도 있다. 실제로 골격을 자세히 조사하면 시조새가 새라는 증거를 좀 더 추가할 수 있다. 그러나 시조새와 새를 연결하는 새로운 증거가 부족한 것은 사실이며, 조사하면 조사할수록 증거가 줄어드는 경향까지 있다.

2005년 발표된 논문의 요점도, 열 번째 시조새 화석을 조사해 보니 시조새와 현대의 새를 잇는 새로운 증거가 오히려 전보다 더 줄어들었다는 것이었다. 시조새는 생각보다 새답지 않다는 말이다. 논란의 중심이 된 열 번째 시조새 화석은 사진으로 봤을 때 상당히 보존이 잘되어 있어

많은 관심을 받았다.

이 논문에는 다음과 같은 분석 결과도 실려 있었다. "시조새 화석 데이터로 봤을 때, 시조새보다 미크로랍토르가 현대의 새와 더 가깝다." 미크로랍토르가 시조새에 비해 '새로운 특징'을 더 많이 지니고 있었기 때문이다. 다만 이 결과 자체에는 좀 더 신중할 필요가 있다. 이를테면 미크로랍토르가 지닌 새로운 특징 중에는 미크로랍토르보다 진화한 새에게서 찾을 수 없는 것이 있기 때문이다. 논문을 쓰려고 데이터를 분석할 때 이 새에 대한 자료를 첨가하지 않은 것이다. 그렇다면 이 주장 역시 앞에서 이야기한 마리얀스카 박사의 주장처럼 아무 의미도 없는 것 아닐까?

그럼 좀 더 많은 데이터를 추가해 보면 어떻게 될까? 필자는 미국 아칸소Arkansas주 페이트빌주립대학Fayetteville University의 필 센터Phil Senter 박사가 2007년에 발표한 논문을 인용하려 한다. 센터 박사가 폭넓은 데이터로 분석한 결과 시조새는 역시 원시적인 새였다고 한다. 그러나 필자는 이 결과보다는 시조새가 새일까 공룡일까를 두고 의견이 분분한 상태 그 자체가 흥미롭다. 이러한 논쟁은 곧 공룡과 새를 구별하기 어렵다는 사실을 반증하고 있기 때문이다. '공룡과 새를 구별하기 어렵다니? 척 봐도 이렇게나 다른걸.'이라고 생각하겠지만, 그 둘을 구별하기란 쉬운 일이 아니다. 다윈의 말처럼 진화는 연속된 과정이기 때문이다. 그런데 그 과정에 큰 구멍이 뚫려버렸다. 왜일까? 새는 현재 유일하게 살아남은 공룡으로, 새 이외의 공룡은 모두 멸종해버렸다. 그렇다면 공룡은 왜 멸종했을까? 지금부터 이 이야기를 둘러싼 논쟁을 살펴보자.

열 번째 시조새의 데이터에
다른 데이터를 입력한다.
조건에 따라서는 미크로랍토르가
현대의 새와 가장 가깝다는 답을 얻을 수 있다.

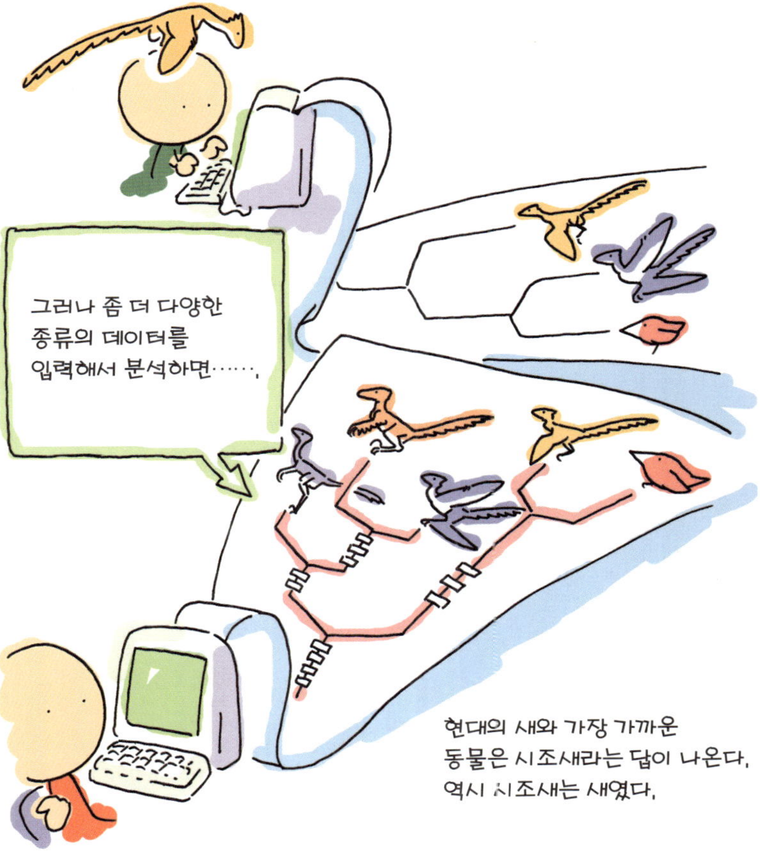

그러나 좀 더 다양한
종류의 데이터를
입력해서 분석하면……

현대의 새와 가장 가까운
동물은 시조새라는 답이 나온다.
역시 시조새는 새였다.

제 2 장 정리
사용할 수 있는 증거는
오로지 새로운 증거뿐이다

인간은 종종 '비슷하다, 비슷하지 않다. 같다, 다르다.'라는 기준으로 사물을 묶는 다. 새와 공룡을 따로따로 생각하는 것도 그 때문이다. 비슷하거나 비슷하지 않다 는 판단을 할 때, 우리는 보통 낡은 특징과 새로운 특징을 신경 쓰지 않는다. 그러 나 역사의 순서를 판단할 때 유효한 것은 새로운 특징이다. 우리가 비슷하거나 비슷하지 않다고 말할 때는 비교 대상의 관계가 가까운지 먼지를 말하는 것이다. 확실히 이것은 거리적인 차이를 가르쳐준다. 그러나 순서에 대해서는 답을 주지 않는다. 역사를 아는 데 필요한 것은 거리는 물론 순서다. 순서가 틀린 역사는 아 무런 의미가 없다.

그러나 아직도 우리는 낡은 특징과 새로운 특징을 함부로 섞어버린다. 이러한 사 실을 보면 우리의 뇌는 역사를 추론하는 데 전혀 익숙지 않다고 할 수 있다. 그렇 지만 어쩔 수 없는 일 아닌가. 오래전부터 존재했던 기본적인 단어인 물고기, 짐 승, 새 등은 수렵이나 요리의 대상으로만 생각했다. 자연에서 이들과 마주쳤을 때 우리는 사냥해서 먹을 필요는 있었지만 이들의 역사를 추론할 필요성을 느끼지 는 못했다. 역사를 추론하는 신경회로는 우리에게 필요 없었기 때문에 뇌가 그쪽 방면으로 진화하지도 않았다. 즉, 우리의 뇌는 역사라는 문제에 대해서 무관심했 다고 할 수 있다.

뼈와 근육의 상동관계

국립과학박물관의 쓰이히지 박사는 파충류와 새의 목 근육의 상동관계에 대해 연구 중이다. 본문에서도 언급했던 상동관계란 도대체 무엇일까? 상동관계란 기관이나 특징의 유래가 같은 것을 말한다. 우리는 유전자에 의해 조상의 다양한 특성이나 기관을 물려받았다. 다윈이 밝혔듯 진화란 계통이 갈라지는 것, 그 이상도 그 이하도 아니다. 그러므로 조상의 특성이나 기관은 갈라지는 계통에 따라 수많은 자손에게로 이어진다. 따라서 우리와 고양이의 눈은 상동관계가 된다. 과거로 계속해서 거슬러 올라가면 인간과 고양이를 탄생시킨 선조가 동일하기 때문이다. 단지 진화 과정에서 각각 다른 요소가 영향을 미쳐 상당히 다른 모습으로 변화한 것뿐이다.

쓰이히지 박사는 원시적인 공룡의 목 근육이 어떤 과정을 거쳐 현대 새의 목으로 진화했는지를 조사해 보고 싶었다. 그렇지만 새 이외의 공룡은 모두 멸종했기 때문에 일단은 새와 파충류의 목을 조사하기 시작했다. 인간과 고양이의 선조는 같기 때문에 이들의 눈을 조사하면 이들을 탄생시킨 선조의 눈에 대한 정보를 얻을 수 있다. 상동관계에 대한 연구는 이런 논리를 바탕으로 진행된다.

"그런데 새의 해부학과 파충류의 해부학은 사용하는 단어나 용어, 이것들이 지시하는 근육 자체가 아예 달라요." 쓰이히지 박사는 쓴웃음을 지으며 말했다. 새를 연구하는 해부학자와 파충류를 연구하는 해부학자가 서로 정보를 교류하지 않는 채 연구를 해왔기 때문이다. 그래서 쓰이히지 박사는 참을성 있게 새와 파충류의 표본을 해부하여 어느 근육이 어느 근육에 대응하는지 하나하나 천천히 조사해 갔다. 무엇과 무엇이 짝인지 조사하는 일은 별거 아닌 것 같지만 사실은 매우 까다로운 연구다. 다른 근육이나 뼈와의 관계는 어떤가? 여기에 뻗어 있는 있는 신경은 무엇

인가? "이렇게 천천히 비교하여 얻은 성과를 화석에 응용할 수 있게 된 것은 정말 최근의 일입니다." 쓰이히지 박사는 이렇게 말했다. 그리고 이 흥미로운 결과를 우리는 머지않아 볼 수 있을 것이다.

공룡(위)과 새(아래)의 골격
현대 새의 골격과 근육이 파충류의 그것과 어떻게
대응하는가? 이것을 알면 현대 새의 목에서 공룡의
목 구조를 유추할 수 있다.

단서를 찾아라!

일부의 데이터만으로도 꽤 많은 이야기를 할 수 있다. 그러나 적은 데이터라는 빈약한 조건은 존재하지도 않는 특정 현상을 만들어낼 때도 있다. 따라서 일부 데이터가 문제를 해결하는 데 충분한지 아닌지 주의를 기울여야 한다.

불타는 세계

하늘이 붉게 타오른다. 엄청난 수의 유성이 하늘을 뒤덮고, 대기는 타들어간다. 이곳은 약 6550만 년 전의 북아메리카로, 대지 위에 펼쳐진 숲에는 가지각색의 동식물과 용맹한 파충류가 살고 있지만, 이들 중 대부분이 죽음을 맞이할 운명이다. 방금 전 지구와 작은 소행성 하나가 충돌했다. 먼 훗날 멕시코의 유카탄반도Pennsula de Yucatn로 불리게 될 지점으로 소행성의 크기는 직경 약 10킬로미터 정도이다. 광대한 우주에서는 먼지보다 작은 크기지만, 지구의 어떤 산맥보다도 높은데다 초속 수십 킬로미터로 접근해 온다. 이 소행성의 운동에너지는 매우 강력해서 금속이나 암석도 간단히 녹여버릴 수 있다. 이곳 북아메리카에선 보이진 않지만 소행성이 충돌한 지평선 너머에는 지름 180킬로미터에 달하는 거대한 크레이터crater(운석이나 소행성과의 충돌로 지상에 생긴 거대한 웅덩이-역주)가 일순간에 형성되어 지상은 고온의 대평원이 되었다. 맨틀mantle에 다다를 정도까지 뚫려버린 대지는 새빨갛게 타오르고, 증발한 암석은 뜨거운 구름이 되어 상공으로 퍼져 나갔다.

이것으로 끝난 게 아니었다. 엄청난 양의 재가 빠른 속도로 날려 지구의 모든 장소로 흩어졌고, 한차례 대기권을 빠져나간 파편이 지구의 중력에 끌려 다시 지상에 떨어졌다. 떨어지는 파편은 대기와의 마찰로 불타올라 지구에 비처럼 쏟아졌다.

백악기 후기, 지구는 조금씩 차가워지고 있었다. 그러나 백악기 말기의 세계는 다시 따뜻해지기 시작했다. 북미의 풍요로운 자연과 식물이 이

러한 변화를 보여준다. 이 시기에 인도에서 발생한 대규모의 화산 활동으로 인해 대기 중에 다량의 이산화탄소가 배출되어 지구에 온실 효과가 일어났기 때문인 것으로 추정된다. 이처럼 백악기 말기에 지구가 따뜻해진 원인 중 하나가 바로 활발한 화산 활동이었다.

과학자들은 종종 화산 활동과 이에 따른 기후 변화가 생물을 멸종시킨 원인이라고 생각했다. 그러나 화산이 지구의 생물을 몰살시켰다고 여겨지는 사건이 일어난 때는 이보다 전인 페름기 말기뿐으로, 화산 활동만으로 생물을 절멸시키기에는 강도가 부족하기 때문인 듯하다. 왜일까? 화산 활동이 생물을 몰살시킬 만큼 규모가 크지 않기 때문일지도 모르지만, 가장 큰 문제는 역시 시간이 오래 걸린다는 점이다. 화산 활동은 수십만 년 혹은 백만 년이라고 하는 긴 시간에 걸쳐 이루어지고 끊어졌다 이어졌다를 반복한다. 하지만 그동안에 생물들은 사는 장소를 바꾸고 기후 변화에 적응하여 진화할 수 있다. 이렇게 오랜 시간에 걸친 변동은 생물

137

에게 두려움의 대상이 되지 않는다. 그러나 좀 더 강력한 재앙이 더 짧은 시간 동안, 게다가 예고도 없이 닥친다면 어떻게 될까? 생물은 이동도 진화도 하지 못한 채 그저 속수무책으로 그 힘에 굴복되어 꼼짝없이 죽고 말 것이다. 그리하여 번영은 끝나고, 영광의 시대는 갑자기 막을 내린다.

당시 인도에서 일어난 대분화大噴火가 절멸의 원인이라고 생각하는 사람도 있지만……,

화산은 쾅하고 폭발하는 거 아냐?

인도의 분화는 하와이처럼 용암이 줄줄 흐르는 조용한 것이었어.

계속 분화하는 건 아니다, 용암이 흙을 덮고 그 위로 또 용암이 흐른다, 그 사이에서 발견된 공룡 화석도 있다,

인도 대분화가 K-T 경계의 절멸 원인이라는 설은 연구자 대부분이 인정하지 않는다,

　　지구와 소행성이 충돌하여 지구에 존재하는 거의 모든 생물이 절멸의 위기에 직면했다. 타오르는 불길 속에서 발생한 그을음과 바람에 날리는 먼지, 녹아내린 암석에서 빠져나온 황화가스가 성층권에 유입돼 기후를 급격하게 악화시켰다. 하늘에는 두꺼운 구름이 가득하고 태양빛은 점점 약해져갔다. 땅 위의 초목은 시들고, 바다에서는 식물성 플랑크톤이 죽어 갔다. 광합성이 중단된 기간은 그다지 길지 않았을지도 모르지만, 생태계를 붕괴시키기에는 충분했다. 곤충도 새도 공룡도 파충류도 암모나이트 ammonite(오르도비스기에 출현해 백악기에 멸종한 화석 동물로 나선형 껍질을 지녔으며, 현대의 앵무조개와 비슷하다. 중생대에 크게 번성하였기 때문에 중생대 표준화석으로 사용된다-역주)도 프유류도. 한마디로 온갖 동식물이 다 죽어 갔다. 방대한 시간과 세대 동안 쌓아온 복잡한 생태계가 모조리 백지 상태가 되었다. 이렇게 공룡을 비롯한 대부분의 생물이 멸종하고 새만 홀로 살아남아 독특한 동물군이 된 것이다.

　　새가 독자적으로 보이는 것은 백악기 말에 소행성과의 충돌로 인해 중간종이 멸종해 버렸기 때문이다. 살아남은 새조차도 큰 타격을 입어 무리의 75퍼센트가 멸종했다. 이는 거의 말살 상태나 다름없다. 지구는 텅텅 비어버리고, 생물은 그 공백을 메우고자 그로부터 약 1000만 년의 세월 동안 진화에 온 힘을 쏟게 된다.

⊕ 앨버레즈의 가설

　　소행성 충돌과 대량 멸종. 이 사건의 흔적은 이 시대의 지층인 K-T 경계층이라고 불리는 얇은 층 속에 고스란히 남아 있다. 여기서 K는 백악기 독일어로 Kreide를, T는 신생대 제3기영어로 Tertiary를 의미한다. 그래서 K-T 경계층을 그대로 번역하면, 백악기-신생대 제3기 경계층이 된다.

1970년대 물리학자 루이스 앨버레즈^{Luis Walter Alvarez}(미국의 물리학자. 고에너지 핵 충돌에서만 생기는 여러 가지 공명 입자를 발견하여 1968년 노벨 물리학상을 수상하였다-역주)는 K-T 경계층을 조사하던 중 특이한 사실을 발견했다. 이 얇은 점토층에 포함된 이리듐^{iridium}의 함유량이 정상 토양에 비해 너무 높은 것이었다. 이리듐은 백금과 비슷한 성질의 금속원소로, 무겁고 안정된 상태이며 지상에는 거의 존재하지 않는다. 이리듐이 비교적 풍부한 곳은 철 등의 중금속이 가라앉아 있는 핵이나 우주를 떠도는 소행성이다. 그러나 지구 핵 속의 이리듐이 지상에 공급되는 일은 거의 없어서, 지상에 이리듐의 함유량이 굉장히 높다는 것은 이것이 우주에서 왔다는 뜻이 된다. 이러한 사실로부터 앨버레즈는 1980년에 하나의 가설을 제안했다.

- K-T 경계층은 이리듐의 함유량이 높다
- 이 정도의 이리듐이 지표에 공급되려면 상당히 큰 소행성이 지구와 충돌해야 한다.(측정해 보니 대략 지름 10킬로미터 정도였음.)
- 마침 이 시기에 공룡이나 암모나이트 등 수많은 생물이 절멸했다.
- 이리듐을 지상에 공급한 소행성의 충돌 사건과 이 대량 절멸은 인과관계에 놓여 있다.

단도직입적으로 말해 백악기에 번성했던 수많은 생물군이 멸종한 이유가 지구에 지름 10킬로미터에 달하는 소행성이 충돌했기 때문이라는 것이다. 매우 단순하면서도 근거 있는 추론이 아닌가? 이처럼 앨버레즈의 가설은 굉장히 이해하기도 쉽고 설득력이 있다. 그래서 그 후로 30년이 지난 지금은 연구자 대부분이 이 가설을 인정하며, 여기에 반대하는

사람은 거의 없다. 그렇지만 불가사의하게도 당시에는 앨버레즈의 가설이 좀처럼 받아들여지지 않았다. 왜 그랬을까? 그것은 K-T 경계층의 절멸이 천천히 진행된 것처럼 보였기 때문이다. 앞에서도 이야기했듯이 천천히 멸종했다면, 소행성의 충돌이 원인일 리가 없다. 그래서 어떤 연구자들은 충돌은 있었지만 그것은 쇠퇴해 가던 생물계에 마지막 일격을 가했을 뿐이라고 주장했다. 그러나 이런 반대 의견은 곧 그 근거를 잃고 조용히 사라져버렸다. K-T 경계층의 생물이 천천히 멸종했다는 가설이 잘못된 증거였기 때문이다.

지구 핵에 포함된 이리듐은 지표면으로 나오지 않는다,

지구 표면의 이리듐은 우주에서 조금씩 공급되고 있다,

핵

많은 양의 이리듐은 상당히 큰 우주 물질인 소행성이 지구에 충돌한 것을 반증한다,

절멸과 소행성 충돌, 두 개의 사건이 동시에 일어났다고 말하는 것은 이 두 사건에 인과관계가 있다고 주장하는 것이다,

쿠~웅

EVOLUTION 2

가짜 멸종

　해변의 모래 속에는 수많은 조개류와 소라, 고둥 따위가 살고 있다. 이들은 몸을 두꺼운 껍데기로 보호하고 있지만 죽어버리면 이 껍데기의 상당수가 부서지거나 다른 생물에 먹혀버리거나 해서 사라진다. 그래도 이 중 몇 개는 모래 속에 남을 것이다.

　미국 오하이오주Ohio 오벌린대학Oberlin College의 키스 멜달Keith Meldahl 교수는 1990년에 재미있는 실험 결과를 보고했다. 해변의 모래에 파이프를 깊이 박아 넣은 다음 그대로 뽑아서 모래의 깊이에 따라 조개껍데기의 분포가 어떻게 변하는지 조사한 실험으로, 파이프 아래쪽이 과거이며 위쪽이 현재이다. 즉, 이 실험은 해변에 사는 조개의 역사를 조사한 것이나 마찬가지다. 멜달 교수가 파이프의 조개껍데기를 조사해서 알아낸 것은 이 해변에서 틀림없이 멸종이 진행되고 있다는 사실이었다. 깊이 70센티미터에서 표면을 향함에 따라(즉, 과거에서 현재를 향함에 따라) 발견되는 조개껍데기의 종류가 줄어들었기 때문이다. 어떤 종은 깊이 60센티미터에서 사라지고, 어떤 종은 50센티미터에서 사라졌다. 또 다른 어떤 종은 표면에서 10센티미터 전까지는 살아남았지만, 안타깝게도 결국 힘이 다해서 멸종하고 말았다. 이렇게 45종의 조개류 중에서 최후까지 살아남은 것은 불과 10종뿐이었다. 그야말로 대량 절멸이다.

　그러나 멜달 교수는 이 실험의 감추어진 비밀을 공개했다. 여기서 설명했던 45종의 조개가 모두 지금도 해변에서 아무 일 없이 건강하게 살고 있다는 것이다. 멸종한 조개는 하나도 없는데 파묻힌 조개껍데기를 조

사했을 때는 천천히 절멸이 진행된 듯이 보였다. '시그노-립스 효과 Signor-reebs effect'라고 불리는 이런 불가사의한 현상이 나타나는 이유는 뭘 까? 그 원인은 바로 다음과 같다.

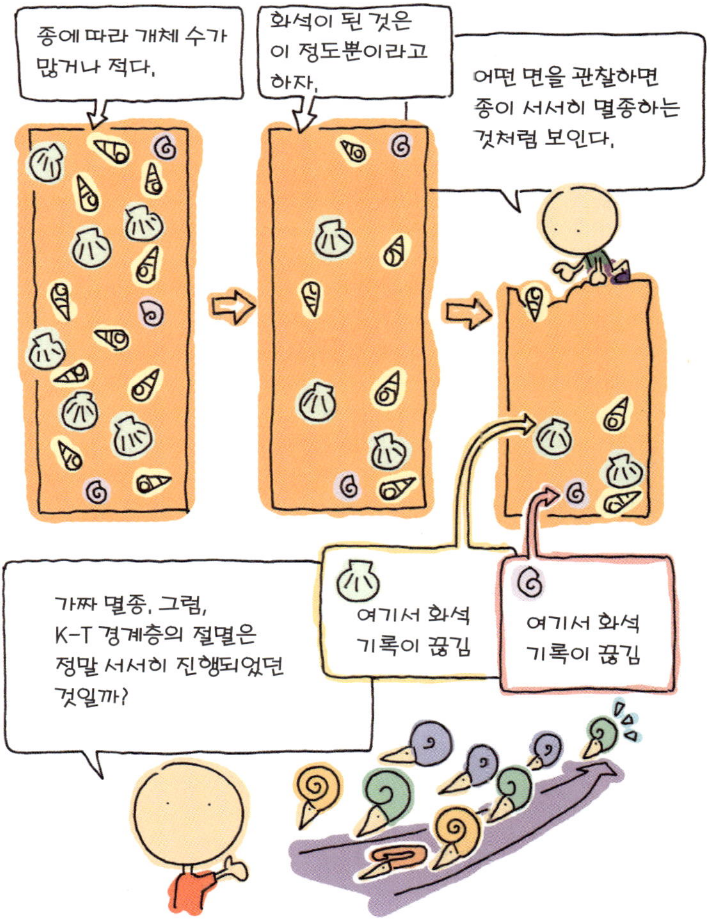

종에 따라 개체 수가 많거나 적다,

화석이 된 것은 이 정도뿐이라고 하자,

어떤 면을 관찰하면 종이 서서히 멸종하는 것처럼 보인다,

가짜 멸종, 그럼, K-T 경계층의 절멸은 정말 서서히 진행되었던 것일까?

여기서 화석 기록이 끊김

여기서 화석 기록이 끊김

- 모든 조개껍데기가 장기간에 걸쳐 끝까지 살아남을 리 없다.
- 개체 수가 적으면 살아남는 조개껍데기의 수도 그만큼 적어진다.
- 개체 수가 더 적으면, 살아남는 조개껍데기의 수는 더 적어진다.

　좀 더 이해하기 쉽도록 예를 들어 설명해 보자. 여기에 수많은 캐릭터가 등장하는 만화책이 있다. 우리는 이 중에서 단 두 명에 대해서만 생각해 보자. 한 명은 주인공 A. 주인공이니 당연한 일이겠지만, 거의 모든 페이지와 장면에 얼굴이 나온다. 다른 한 사람은 B. 전편에 걸쳐 등장하지만 존재감이 없어서 그런지 거의 아무런 활약도 하지 않는다.

　여기서 문제 하나. 이 만화책에서 무작위로 열 페이지만 고른다면 A는 과연 어느 정도 등장할까? 아마도 골라낸 열 페이지 중 거의 모두에 모습을 드러낼 가능성이 매우 클 것이다.

　그럼 B는 어떨까? B도 일단은 처음부터 마지막까지 등장하지만 활약이 적어서 독자는커녕 작가조차 그 존재를 잊어버렸을 정도다. 그래서 열 페이지를 마음대로 골라봤더니 B가 나온 페이지는 처음의 1페이지부터 5페이지까지였다. 이 경우 우리는 B가 도중에 퇴장한 것처럼 생각하기 쉽다. 이렇듯 등장 횟수가 적은 캐릭터는 중간에 사라진 것처럼 보일 확률이 높아지는 것이다.

　가짜 멸종이 천천히 진행하는 현상은 위의 만화책 이야기와 같은 원리로 일어난다. 조사한 샘플이 적을 때 개체 수가 적은 종족은 마치 역사 속에서 모습을 감춘 듯이 보인다. 그래서 개체 수가 적은 종부터 순서대로 사라져버린다면, 급격하게 일어난 멸종도 언뜻 보았을 때는 천천히 진행된 듯이 보이는 것이다.

🌱 샘플을 늘리면 어떨까

이런 가짜 멸종을 간파하는 간단한 방법이 있다. 그건 바로 샘플의 수를 늘리는 것이다. 여러 권으로 된 만화책을 한두 권만 읽었을 때보다 여러 권을 읽었을 때 제대로 된 줄거리를 알 수 있다. 물론 전권을 다 읽으면 완벽하겠지만 그렇게까지 안 해도 대강의 줄거리는 알 수 있다. 옛날에는 암모나이트가 천천히 멸종했다고 여겨졌다. 그러나 얼마 안 있어 K-T 경계층의 바로 밑 지층에서 몇 종류나 되는 암모나이트가 묻힌 장소가 발견되었다. 결국 암모나이트는 백악기 말기까지 멸종하지 않은 것이었다.

샌디사이트에서 발견된
6600만 년 전의 식물 화석
(사진: 국립과학박물관)

식물도 마찬가지다. 지금까지 식물은 백악기 말기에 천천히 멸종했다고 여겨졌다. 그러나 덴버자연사박물관Denver Museum of Nature & Science의 커크 존슨Kirk Johnson 박사는 백악기 말기의 지층에서 발견한 2만 5000 점의 식물 화석을 조사하고 나서 새로운 견해를 제시했다. 실제로는 수많은 종류의 식물이 백악기 말기까지 생존했던 것이다. 도쿄 우에노上野에 있는 국립과학박물관 신관 지하 1층에는 백악기 말기의 지층에서 발견한 다양한 식물 화석이 몇 가지 전시되어 있어, 우리에게 당시 숲이 얼마나 무성했는지를 보여준다. 전시 테이블 위에 펼쳐진 몇 종류의 식물 화석은 연대별로 배열되어 있는데, 백악기 말이 될수록 번성했던 수많은 식물이 K-T 경계층에 이르러 격감하는 것을 확인할 수 있다. 그리고 소행성 충돌이 일어난 후의 지층에서 발견된 식물 화석은 극히 적었다. 이것으로 미루어 보아 소행성 충돌로 식물세계 또한 엄청난 타격을 입었음이 틀림없다.

이처럼 암모나이트도 식물도 급격히 멸종한 것이 명백하다. 곤충도 혹독한 피해를 입었을 것이다. 나뭇잎 화석을 보면 곤충이 갉아먹은 자국이 있지만, K-T 경계층 이후로는 이 자국이 싹 사라졌기 때문이다. 플랑크톤 화석도 마찬가지다. 그렇다면 공룡은 어땠을까? 물론 공룡도 다른 동물들과 똑같은 신세였다. 공룡도 이전에는 천천히 멸종했을 것이라고 여겨졌다. 그러나 북아메리카의 어떤 지층에서 엄청난 수의 공룡과 파충류의 화석이 발견되면서 이 주장은 힘을 잃게 되었다.

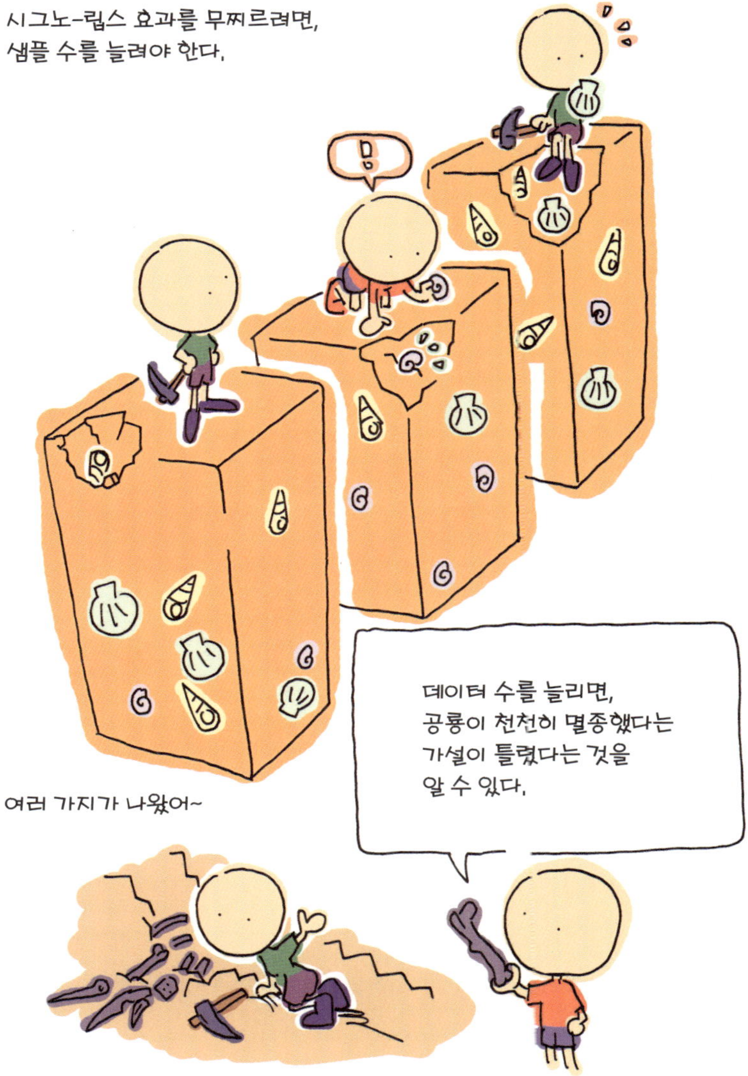

시그노-립스 효과를 무찌르려면,
샘플 수를 늘려야 한다.

데이터 수를 늘리면,
공룡이 천천히 멸종했다는
가설이 틀렸다는 것을
알 수 있다.

여러 가지가 나왔어~

작은 조각도
훌륭한 단서

덴버자연사박물관의 커크 존슨 박사가 식물 화석을 수집한 샌디사이트라 불리는 지층에서는 백악기 말기의 다양한 동물 화석도 발견되었다. 그것은 조각조각 흩어진 뼈나 손끝 뼈 등으로 긴 세월 동안 검게 물들어 아름답게 빛날뿐 아니라 보존 상태도 매우 좋다. 조각나 있기 때문에 보통 사람의 눈에는 그저 깨진 뼛조각으로만 보이겠지만, 고생물학자의 눈에는 수많은 정보가 들어온다.

그렇다고 고생물학자가 일반인은 보지 못하는 것을 볼 수 있는 초능력자라는 말은 아니다. 우리에게 머그컵의 파편을 보여주면 대부분은 정답을 말할 수 있을 것이다. 이처럼 그게 무슨 파편인지를 이해하려면 일단 지식이 필요하다는 말이다. 그러나 지식만 갖추었다고 고생물학자가 되는 건 아니다. 여차여차 이러저러한 이유로 이 뼈는 어떤 뼈라고 논리 정연하게 설명할 수 있어야 한다.

🌱 이것은 뭘까?

예를 들어 이 사진(문제 1)은 일본 국립과학박물관의 신주쿠^{新宿} 분관에 소장된 샌디사이트산^産 표본인데, 이것이 도대체 뭔지 알아맞힐 수 있겠는가? 길이는 수 센티미터 정도로 날카롭고 약간 굽어져 있지만 거의 직선 형태이다. 구부러졌다는 건 이빨이나 발톱^{발가락뼈}이라는 뜻일까? 좁고 긴 홈이 파여 있는 걸 보니 이빨은 아닌 것 같다. 물론 독사의 독니에는 독을 주입시키는 홈이 파여 있지만, 이것은 뱀의 독니라고 하기에는

문제 1: 이것은 뭘까?

절단면

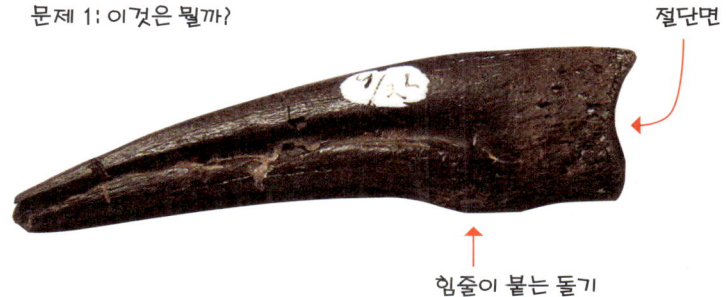

힘줄이 붙는 돌기

제작협력: 국립과학박물관 지리학연구부
마나베 마코토 연구책임자

너무 큰데다가 이 화석의 한쪽 끝에는 둥글게 구부러진 면이 있다. 이것은 다른 뼈와 연결된 관절 부분으로, 적어도 이빨에는 이런 부분이 없다. 그렇지만 발톱을 지지하는 발가락뼈라고 하기에는 너무 곧은 형태가 아닌가. 게다가 수 센티미터나 되니 만약 발가락뼈라면 상당히 큰 동물일 것이다.

국립과학박물관에서 파충류 화석을 연구하는 마나베(真鍋) 박사는 이것이 공룡의 발가락뼈 화석이며, 이 위에 발톱이 붙어 있었다고 설명한다. 그것도 틀림없이 오르니토미무스Ornithomimus(백악기 후기에 살았던 몸길이 3~5미터 정도 되는 2족 보행 육식 공룡으로 타조의 모습과 닮았다-역주)의 앞발로 보인다고 한다. 오르니토미무스의 앞발톱은 다른 공룡과는 달리 거의 직선 형태인데 이는 상당히 특이한 특징이다. 아랫부분의 혹처럼 생긴 돌출부는 힘줄이 부착되는 부분으로 힘줄이 수축하면 발톱이 둥근 관절면을 따라 구부러진다. 오르니토미무스는 긴 앞다리와 발

문제 1의 답: 오르니토미무스의 앞발톱

발가락 끝 뼈는 길며 그 위에 발톱이
덮인다. 힘줄이 수축하면 발가락이
구부러진다.

오르니토미무스는 타조의
모습과 흡사해서
타조공룡이라고 불리기도
한다.

톱을 이용해 나뭇가지를 움켜쥔 듯하며, 원래는 육식 공룡이지만 식물도
먹을 수 있게 적응했다고 여겨진다.

오른쪽 사진(문제 2)은 어떨까? 길이 40센티미터 정도의 가늘고 긴
뼈이다. 인간이나 동물의 몸을 살펴보면 긴 형태의 뼈는 몇 군데밖에 없
어서 늑골 아니면 팔다리뼈로 좁혀진다. 똑바른 형태를 보니 늑골은 아니
며, 오른쪽의 둥근 부분은 다른 뼈와 이어지는 관절이라고 생각할 수 있
다. 그것도 단순하게 연결된 것이 아니라 관절면을 따라 무언가가 회전하
듯이 움직일 수 있는 구조이다. 그렇지 않고서야 관절면이 둥글 이유가
없기 때문이다. 이런 사실로 미루어 보아 필시 팔다리뼈 중의 하나일 것

으로 추정된다.

"대퇴골이나 상완골(위팔뼈-역주)은 아니에요." 마나베 박사는 이렇게 말했다. 확실히 대퇴골이나 상완골이라면 L자를 거꾸로 뒤집은 듯한 모양에 근육이나 힘줄 등이 부착되는 돌기가 몇 개나 있어야 하는데 이 뼈는 그런 특징이 없다. 아마 팔 앞쪽 뼈도 아닐 것이다. 팔 앞쪽 뼈는 팔목과 연결되기 때문에 이런 형태가 아니다. 정강이뼈와 조금 비슷하지만, 정강이뼈는 두 개의 뼈로 구성되어 있기 때문에 서로 맞물리는 부분이 있고 좌우 비대칭이다. 그러나 이 뼈에서는 그런 특징이 보이지 않는다.

"중족골metatarsus(발등뼈-역주)입니다. 관절 반대쪽이 좁아지는 것이 결정적인 증거죠." 마나베 박사는 이렇게 설명했다. 이것은 오비랍토사우리아하목Oviraptosauria 공룡의 중족골이라고 한다. 앞서 조금 설명했던 카우딥테릭스의 친척이라고 생각하면 된다. 이 공룡들 중에는 가운뎃발가락과 연결된 중족골이 발목 쪽으로 갈수록 좁아지는 구조를 지닌 그룹이 있는데, 바로 이 뼈가 그 구조와 완전히 일치한다.

문제 2: 이것은 뭘까?

좌우가 거의 대칭 형태

이쪽으로 갈수록 좁아짐

관절면

제작협력: 국립과학박물관 지리학연구부
마나베 마코토 연구책임자

문제 2의 답:

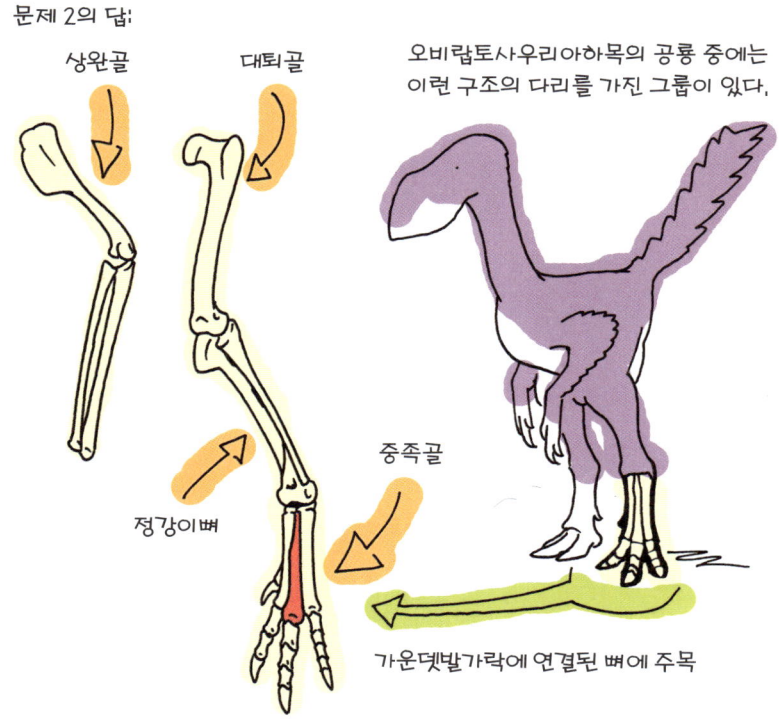

상완골

대퇴골

오비랍토사우리아하목의 공룡 중에는
이런 구조의 다리를 가진 그룹이 있다.

정강이뼈

중족골

가운뎃발가락에 연결된 뼈에 주목

샌디사이트에서는 그 밖에도 여러 가지 것들이 발견된다. 뭐라고 한 마디로 표현하기 어려운 형태인 문제 3번 뼈를 보자. 이건 또 어디 뼈일까? 얇고 가늘지 않으니까 분명 팔다리뼈나 늑골은 아닐 것이다. 등뼈도 아니다. 그렇다면 남은 것은 머리와 어깨 혹은 허리다. 좌우 대칭형이 아니므로 정중선正中線(신체의 앞뒷면의 중앙을 수직으로 지나는 선-역주)에 위치한 뼈도 아닐 것이다. 그러니 머리 꼭대기 뼈라고 할 수도 없다. 이빨이 붙어 있지 않은 것을 보면 턱과 관련된 뼈가 아니란 것도 알겠다. 어깨뼈도 아니다. 공룡의 어깨는 좀 더 좁고 단순하기 때문이다.

"이것은 허리뼈입니다. 허리뼈는 좌우 세 쌍의 뼈로 이루어져 있는데, 이건 그중에서 좌골坐骨(앉았을 때 몸 가운데 중축을 이루는 부분을 지탱하는 역할을 한다-역주)이네요. 게다가 특징이 있는 좌골입니다." 마나베 박사는 밑에 보이는 삼각형의 돌출부와 뒤로 뻗은 돌기, 뼈의 중앙보다 뒤쪽에 위치한 타원형의 꺼슬꺼슬한 부분이 특징이라고 한다. 이 특징을 모두 갖춘 동물은 바로 티라노사우루스Tyrannosaurus다. 이 표본의 길이가 20센티미터 정도인 것으로 미루어 보아 새끼일 것으로 추정된다. 가장 유명한 이 육식 공룡은 샌디사이트에 있었던 다른 공룡이나 동물을 공격하며 살았을 것이다. 샌디사이트에서는 이 밖에도 다른 여러 가지 공룡이나 익룡, 악어나 거북이, 포유류 등이 발견되고 있다. 백악기 후기에도 공룡은 쇠퇴하지 않았다. 즉, 절멸은 급격히 일어난 것이다. 그리하여 공룡의

문제 3번 뼈

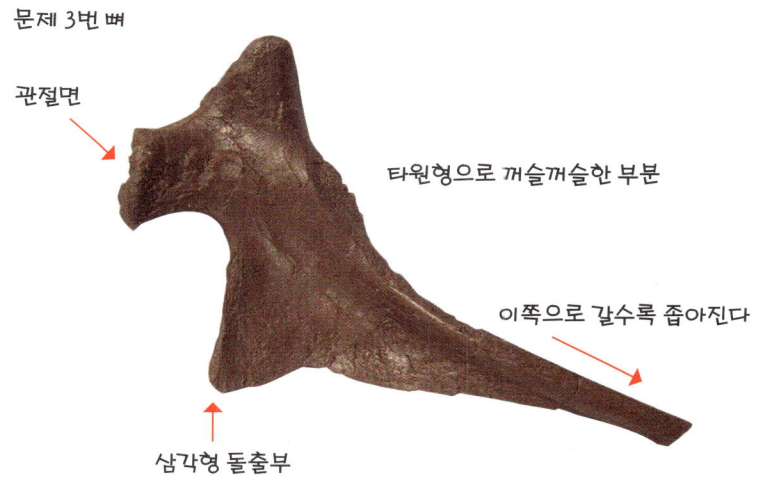

관절면

타원형으로 꺼슬꺼슬한 부분

이쪽으로 갈수록 좁아진다

삼각형 돌출부

제작협력: 국립과학박물관 지리학연구부
마나베 마코토 연구책임자

멸종이 천천히 일어났다는 가설은 그 근거를 잃고 사라져 갔다. 새롭고 확실한 데이터가 쌓여 변화를 이룬 것이다. 그러나 세상에는 충분한 데이터가 눈앞에 있었는데도 그걸 전혀 활용하지 못했던 경우도 있다. 그럼 이번에는 이런 사례와 논쟁의 역사를 살펴보러 가자.

문제 3의 답: 티라노사우루스의 좌골

제 3 장 정리
그 답이 타당한지 아닌지는
데이터를 추가해 보면 알 수 있다

가설을 세우는 것은 곧 데이터를 설명하는 것이다. 또한 가설에는 미래에 대한 예측도 포함되어 있다. 예를 들어 앨버레즈 박사의 가설은 공룡이나 암모나이트가 소행성 충돌과 거의 동시에, 그것도 급격히 멸종했을 거라는 예측을 포함하고 있다. 그래서 우리는 그 가설을 검증할 수 있다. 검증할 수 없는 가설 따위는 과학의 세계에서는 무의미하며, 검증할 수 있기 때문에 과학적인 가설이 된다. 데이터가 늘어남에 따라 앨버레즈 박사의 가설은 점점 설명하기 쉬워졌기 때문에, 그의 가설은 화석 수집에 의해 실증되었다고도 말할 수 있다. 사람에 따라서는 이런 실증 과정이 뭔가 이상하다고 생각할지도 모른다. "가설은 예측을 포함하고 있지만, 절멸은 과거에 일어난 사건이 아닌가. 이미 일어난 일을 예측이라고 부르는 건 앞뒤가 안 맞지 않아?"라고 말이다.

맞다. 과거에 일어난 절멸의 증거는 지층 속에 있다 그것들은 과거에 있었던 일이지, 지금부터 일어날 일은 아니다. 그러나 동시에 이 증거 중에는 우리가 아직 손에 넣지 못한 데이터도 있다. 우리는 신이 아니라서 전지전능하지 않다. 이미 존재하고 있지만 아직 발견하지 못한 데이터도 있다는 얘기다. 그러니 이렇게 생각하면 된다. 앨버레즈 박사의 가설은 소행성 충돌을 뒷받침하는 '이미 있지만, 아직 발견하지 못한 데이터'가 언젠가 발견된다는 예측을 포함하고 있다고 말이다. 이 예측이 들어맞았기 때문에 앨버레즈 박사의 가설은 비로소 견고해졌다. 천문학자가 별에 대한 정보를 얻기 위해 관찰하는 별빛은 먼 과거로부터 날아온 것이듯이 화석에 의한 검증도 이와 같은 원리라고 생각하면 된다.

작은 조각에서 의미를 찾다

    샌디사이트에서 발견된 화석에는 이런 것도 있다. 길이 10센티미터 정도의 구부러진 곤봉 모양의 화석으로 심하게 부서진 상태이다. 마나베 박사는 이것이 익룡의 대퇴골이라고 한다. 휘어진 끝 부분이 공 모양과 살짝 비슷한데, 이것이 허리뼈로 깊숙이 들어가는 '골두'라는 부분이다. 이것은 L자로 휘어진 공룡의 대퇴골과 비슷해서 익룡이 공룡과 가깝다고 여겨지는 근거가 된다.

    "대퇴골이 거의 직각으로 구부러진 공룡과 달리, 이건 비스듬한 정도예요. 이런 특징을 보니 익룡이라고 할 수 있겠네요." 마나베 박사는 이

골두는 공 모양

골두는 위쪽으로
비스듬히 꺾임.
제2장 98페이지나
제3장 152페이지에
나온 공룡의 대퇴골과
비교해 보자.

제작협력: 국립과학박물관
지리학연구부 마나베 마코토
연구책임자

156

산산이 부서진 모습을 통해
뼈 두께가 얇은 것을 알 수 있다.

제작협력: 국립과학박물관 지리학연구부
마나베 마코토 연구책임자

렇게 설명한다. 또한 이 화석은 상당히 심하게 부서진 상태다.

"대퇴골이나 상완골이라고 하는 긴 뼈의 중심에는 골수가 든 텅 빈 공간이 있습니다. 쉽게 쇠파이프 모양의 구조라고 생각하면 돼요. 또한 하늘을 나는 익룡은 몸이 가벼워야 하므로 뼈의 두께가 얇습니다. 그래서 부서지기 쉬운 것이지요. 뼈가 부서져 있다는 것은 소극적인 증거이긴 하지만, 이 뼈가 익룡의 뼈라고 말하기엔 충분하죠." 마나베 박사는 이렇게 말한다. 이런 식으로 고생물학적인 지식을 갖추고, 이것을 논리정연하고 정확하게 기술할 수 있는 능력이 있으면 손바닥만 한 화석 조각이라 할지라도 큰 단서가 될 수 있다.

"화석이 되는 생물은 그리 많지 않습니다. 오히려 화석이 되어 발견되는 쪽이 드문 일이에요. 그래서 화석이 발견되지 않았기 때문에 신빙성이 없다고 말하는 것은 반박의 근거가 되지 않는 겁니다." 마나베 박사는 이렇게 말한다. 확실히 공룡 화석은 잘 발견되지 않는다. 그런데도 결과적

으로 소행성 충돌 이전에 공룡이 멸종했다는 의견과 근거는 무너지지 않았는가.

샌디사이트에서는 수많은 화석이 발견되며, 이렇게 구체적인 화석 자료를 토대로 우리는 갖가지 사실을 알 수 있다. 지금도 마나베 박사는 이시카와石川현의 하쿠산白山시나 기후岐阜현의 다카야마高山시 등지에서 발견되는 다양한 화석과, 작은 조각이지만 귀중한 데이터에 대한 연구를 계속하고 있다.

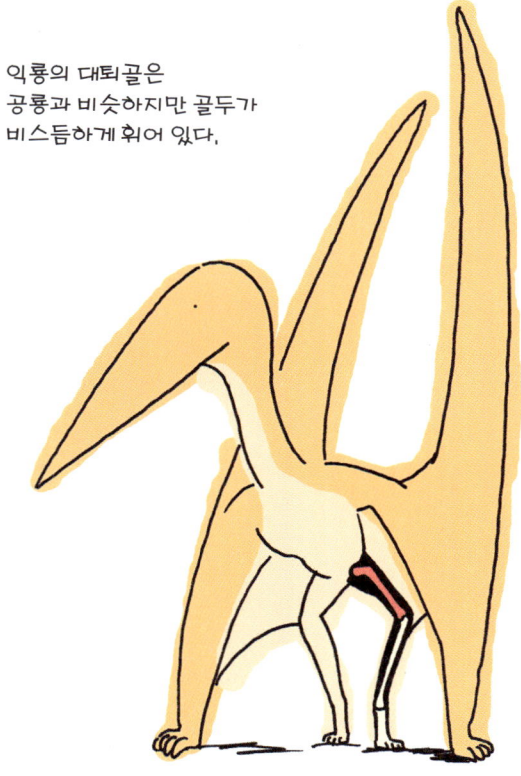

익룡의 대퇴골은
공룡과 비슷하지만 골두가
비스듬하게 휘어 있다.

더 나은 가설을 찾아

이론이나 가설은 설명하기 위해 제안된 것이다.
즉, 가설을 세우는 것은 데이터를 논리적으로 설명
하는 것이나 다름없다. 자신의 주장을 제대로 설명
하기 위해 가설의 뼈대 자체를 바꾸는 것도 효과가
있지만, 이때도 역시 논리적인 설명이 필요하다.

버제스의 세계

캄브리아 전기 약 5억 1300만 년 전의 지구. 파란 하늘 그리고 푸른 바다. 저 멀리 적갈색의 대지가 펼쳐져 있지만 아직 생물의 모습은 보이지 않는다. 육상에 동식물이 진출한 것은 좀 더 나중의 일로, 이렇게 텅 빈 육지와는 달리 바다 속에는 여러 가지 다양한 동물과 녹조류가 살고 있다. 동물의 세계는 이제 막 그 첫발을 떼기 시작한 단계로, 단순하고 원시적이지만 아름답다. 여기저기서 해저 위를 떠돌아다니는 동물은 가장 유명한 고생물인 삼엽충으로 몸통이 상당히 단단하다. 삼엽충은 오래전부터 그 존재가 알려진 절지동물Arthropoda(체절적 구조로 이루어져 있으며 키틴이나 탄산칼슘으로 된 외골격을 지닌 것이 특징인 동물군으로 곤충류·거미류, 게·새우류, 지네류가 여기에 속한다-역주)로 바다 속에서도 매우 번성했다. 그러나 이보다 더욱 번성했던 동물은 <mark>마렐라</mark>다. 2센티미터도 안 되는 작은 크기의 동물인 마렐라는 걸을 수도 있지만, 레이스처럼 생긴 지느러미를 하늘하늘 흔들어 우아하게 수영도 할 수 있었다. 너무나 원시적인 동물이라 턱이라 할 만한 기관이 없어 당연히 먹이를 잘게 씹어 먹을 수도 없었다. 마렐라는 머리에 난 더듬이를 반짝여서 이곳에 모여든 작은 먹이를 꿀꺽 삼켰다.

크기가 조금 더 큰 동물도 있다. 몸길이는 수 센티미터이며 얇고 투명한 껍질로 몸을 보호하고 비행기 꼬리날개와 비슷한 꼬리가 있는 <mark>오다라이아</mark>다. 몸을 거꾸로 뒤집어 수영하는 모습이나 외형상의 특징은 요즘에도 논에서 볼 수 있는 투구새우tadpole shrimp와 흡사하다. 오다라이아는 투

구새우와 마찬가지로 턱이 있었기 때문에 사냥감을 잘게 씹어 먹을 수 있었다.

여기서 멀지 않은 해저에서 미끄러지듯 수영하는 레안코일리아는 묘하게 머리가 크다. 몸통은 넓고 땅딸막하며 꼬리에는 가시가 하나 나 있다. 몸길이는 5~10센티미터이며, 무엇보다 눈에 띄는 것은 머리 부분에 난 더듬이 혹은 촉수처럼 보이는 기관이다. 이 불가사의한 기관에는 채찍처럼 생긴 것이 세 개 뻗어 있다. 이는 무엇에 사용되었던 것일까? 레안코일리아의 네 개나 되는 눈이 작은 동물을 발견하면 바로 이 촉수를 쫙 뻗어서 낚아챈 다음 갈기갈기 찢는 것이다. 레안코일리아도 턱이 없고 입

마렐라Marrella
작은 절지동물로
삼엽충과 비슷함.

오다라이아Odaraia
몸을 뒤집어 수영한다고 여겨짐.
기묘한 꼬리가 특징.

레안크일리아Leanchoilia
눈은 거리 끝 부분에 있음.
머리에 달린 촉수가 특징.

은 그저 단순한 구멍이라 먹이를 씹을 수 없었기 때문이다. 그렇지만 이
들이 작은 동물을 제물로 삼을 만한 힘은 충분했다.

🌱 부드러운 몸

여기서 소개한 생물은 모두 절지동물이지만, 몸이 단단하지는 않았
다. 딱 새우 정도의 상태라고 생각하면 된다. 아니면 투구새우라고 하는
편이 더 적당할까. 아니, '새우는 전혀 단단하지 않잖아.'라고 생각하는 사

람도 있을 테니 좀 더 자세히 설명하겠다. 조개껍데기나 새우 껍질은 모두 탄산칼슘으로 이루어져 있다. 그러나 새우나 게의 껍데기는 조개껍데 기보다 훨씬 부드럽다. 그래서 우리는 작은 새우를 통째로 먹기는 하지만, 조개를 와드득와드득 껍질째 씹어 먹지는 않는다. 이러한 차이는 껍 질 속에 탄산칼슘 결정이 생성되어 있는지 아닌지에 따라 결정된다. 조개 껍데기는 탄산칼슘 결정이 생성되어 있어 매우 단단한 반면, 새우나 게는 결정이 생성되지 않기 때문에 그렇게까지 단단하지 않다. 버제스 셰일 Burgess Shale(캐나다의 브리티시컬럼비아주 남부의 스테판 층에서 발견된 셰일로, 고생대 캄브리아기 중기의 생물이 잘 보존되어 있어 이 시대를 파악하는 중요한 단서가 된다-역주)의 절지동물은 연체성 동물이라고 발표되는 일이 종종 있는데, 이는 결정화된 껍질을 지니지 않아 조개껍데기에 비해 부드럽다는 뜻이다.

🌱 버제스 셰일

생물은 딱딱하고 튼튼할수록 화석이 되기 쉽다. 조개껍데기와 삼엽충 화석이 많이 발견되는 것도 그 때문이다. 일본 시즈오카(静岡)대학에서 삼엽충 연구를 하고 있는 스즈키 유타로(鈴木 雄太郎) 교수는 삼엽충이 절지동물 중에서 예외적으로 결정화된 껍질을 지닌 종족이었다고 말한다 (그 밖에는 패충류貝蟲類와 따개비밖에 없다). 삼엽충이 유명한 고생물이 된 이유는 보존되기 쉬운 딱딱한 껍질을 두르고 있었기 때문이다. 반대로 말하면 단단한 껍질이 없는 절지동물이 화석이 되어 남는 일은 흔치 않다 는 것이다. 이런 동물이 화석이 되어 보존되려면 다음과 같은 몇 개의 필수 조건을 갖춰야 한다. 첫째, 동물이 시체를 먹거나 분해하는 생물이나 박테리아가 없는 장소에서 죽을 것. 둘째, 시체가 산사태처럼 토양이 무너져 내리는 현상이나 급류 등에 의해서 운반될 것. 셋째, 급격히 묻힐 것. 한 가지 더 덧붙이자면, 그것이 인간에 의해서 발견될 것.

캐나다 브리티시컬럼비아주의 산악지대에 있는 지층인 버제스 셰일은 이런 조건을 모두 갖춘 보기 드문 장소 중 하나다. 셰일을 한자로 혈암頁巖이라고 하는데 여기서 '頁'은 책 한쪽이란 뜻이다. 실제로 셰일은 두께가 몇 밀리미터에서 몇 십 분의 일 밀리미터 정도의 극히 얇은 지층이 겹겹이 쌓여 만들어진 것이기 때문에 옆에서 보면 마치 거대한 책 모양을 하고 있다. 그뿐만 아니라 망치로 옆 부분을 살짝 때리면 얇은 지층이 한 겹씩 벗겨지듯이 부서진다. 이처럼 버제스 셰일은 고대 생물을 알아볼 수 있는 백과사전이라 할 수 있다. 그리고 바로 이곳에서 모습을 드러낸 생물은 지금까지 누구도 볼 수 없었던 기묘한 모습을 한 절지동물들이었다.

🔆 절지동물이란

여기서 잠시 절지동물에 대해 알아보자. 절지동물이란 "마디가 있는 다리를 지닌 동물"이라는 뜻이다. 만약 이들의 온몸을 뒤덮고 있는 껍질이 한 장뿐이라면 어떻게 될까? 아마 한 발자국도 움직이지 못할 것이다. 그러나 절지동물은 다리나 몸통에 마디가 있으며 그 부분의 껍질은 마치 비닐처럼 연하다. 서양의 갑옷이 관절 부분은 체인이나 가죽으로 만들어져서 자유롭게 움직일 수 있듯이 말이다. 절지동물은 여러 개의 그룹으로 나뉘는데 이 책에서는 갑각류와 아라크노몰파Arachnomorpha(협각류와 삼엽충류를 함께 이르는 용어-역주)에만 초점을 맞춰서 알아보려 한다. 다른 그룹에 속하는 벌레나 지네는 지금 하고 있는 이야기와 관계가 없으니 말이다.

새우, 게, 쥐며느리, 투구새우 등은 갑각류이다. 이들은 모두 두 쌍의

더듬이가 나 있고 입에는 강한 턱이 있다. 이것은 선조로부터 물려받은 공통된 특징이며 이들이 단 하나의 조상에서 탄생한 혈족이라는 것을 나타낸다(원래는 좀 더 복잡한 내용이지만, 이 책에서는 여기까지만 설명하는 걸로 해두겠다).

아라크노몰파는 "거미와 비슷한 형태를 한 동물"이라는 뜻으로, 거미와 전갈, 투구게와 삼엽충 등으로 구성되어 있다. 이들은 모두 머리가 크

갑각류는 두 쌍의 더듬이가 달렸다고 했는데, 쥐며느리는 한 쌍뿐인걸?

갑각류

퇴화했기 때문이야, 근연종 중에는 두 쌍인 것도 있어,

아라크노몰파

갑각류는 변이가 크니까,

아라크노몰파는 둥글넓적한 머리와 몸통이 특징

고 몸통이 넓적하며 엉덩이 끝에는 가시가 나 있는 것이 일반적이다. 거미는 가시가 없는데, 이것은 긴 진화의 과정에서 퇴화했기 때문이다. 또한 아라크노몰파는 모두 턱이라고 할 만한 기관이 없는데, 이런 특징은 갑각류와 사뭇 다르다.

🔄 이들은 누구인가?

그럼 버제스 셰일에서 발견된 절지동물은 어떻게 분류할까? 이 부분에서 연구자들은 적잖이 당황했다. 마렐라는 삼엽충과 비슷하다. 그렇다면 삼엽충과 마찬가지로 아라크노몰파였을까? 그러나 마렐라의 특징이 이 그룹의 특징과 모두 일치하지는 않는다. 몸통이 둥글넓적한 것도 아니고 엉덩이에 가시도 없다. 갑각류와 흡사한 점도 있지만, 턱이 없다. 마렐라는 갑각류일까 아라크노몰파일까?

오다라이아는 또 어떤가? 턱이 있는 것은 갑각류의 특징이다. 머리에서 뻗은 껍질로 몸을 덮은 점도, 몸통에 묘하게 마디가 많은 점도 갑각류인 투구새우와 비슷하다. 갑각류의 특징인 더듬이가 있었는지 없었는지는 알 수 없지만, 그 점은 투구새우도 마찬가지다. 투구새우의 더듬이는 눈을 크게 뜨고 봐야 간신히 보일 정도로 작기 때문이다. 그러나 오다라이아는 비행기 꼬리날개처럼 생긴 꼬리가 있다. 이런 꼬리는 투구새우나 다른 갑각류에는 없는 특징이다. 오다라이아는 정말 갑각류였을까?

레안코일리아도 같은 문제를 안고 있다. 머리와 몸은 둥글넓적하고 엉덩이에는 가시도 있다. 그럼 레안코일리아는 아라크노몰파일까? 그러나 레안코일리아의 두부에는 정체 모를 촉수가 뻗어 있다. 이런 촉수는 삼엽충이나 전갈에선 찾아볼 수 없는 특징이다. 삼엽충은 더듬이가 한 쌍나 있고, 전갈의 머리에는 작은 집게발이 있지만, 레안코일리아의 촉수와

는 다르다. 이 녀석은 정말 아라크노몰파라고 할 수 있을까?

이 문제를 어떻게 해결하면 좋을까? 대부분의 연구자는 이들이 평범한 절지동물이지만 너무 원시적이거나 변화된 특징을 지니고 있었기 때문에 현재의 갑각류나 아라크노몰파와 딱 들어맞지 않는 것이라 생각했다. 그러나 이와는 달리 대담한 해석을 하는 사람도 있었다. 바로 하버드

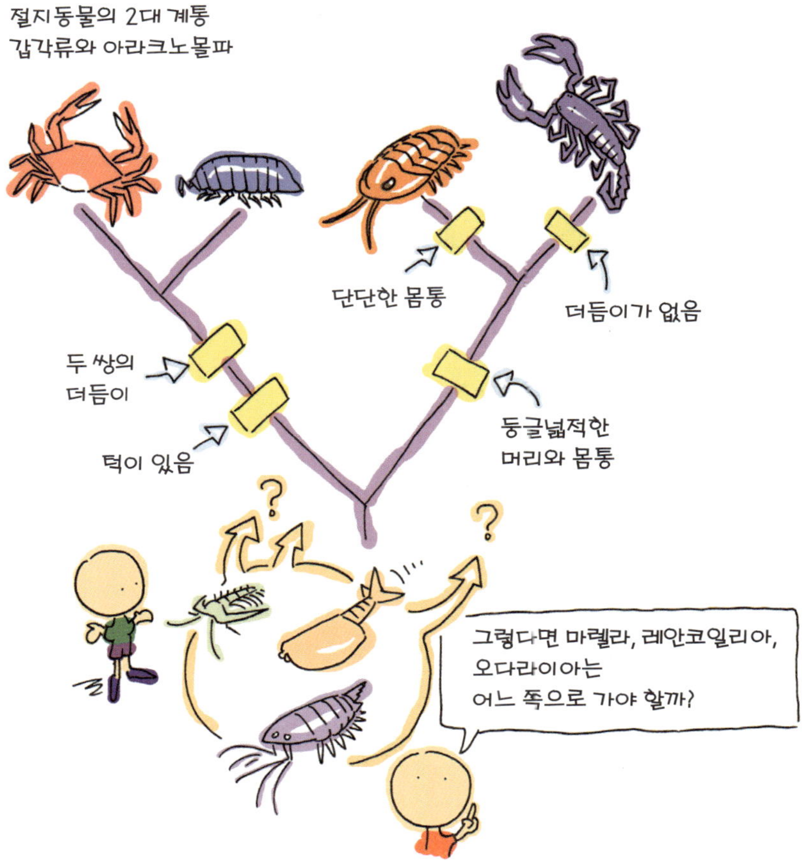

절지동물의 2대 계통
갑각류와 아라크노몰파

단단한 몸통

더듬이가 없음

두 쌍의
더듬이

턱이 있음

둥글넓적한
머리와 몸통

그렇다면 마렐라, 레안코일리아,
오다라이아는
어느 쪽으로 가야 할까?

대학의 굴드Stephen Jay Gould 교수이다.

🌱 굴드의 해석

굴드 교수는 독자적인 진화이론을 주장하고, 일반인을 위한 다수의 과학책을 쓴 것으로 유명하다. 연구자라기보다는 작가로 더 이름이 알려진 사람으로 독특한 관점에서 사회와 과학을 이야기했다. 그는 독특한 사상과 글 솜씨 덕에 대중적으로 많은 인기를 얻었다.

1989년 굴드 교수는 버제스 셰일의 생물에 대해 기술한 책《Wonderful life : the Burgess Shale and the nature of history》를 펴냈다. 한국어로는 《생명, 그 경이로움에 대하여》라는 제목으로 출판되었다. 이 책이야말로 내용의 옳고 그름을 떠나 버제스 셰일의 절지동물을 일반인들에게 폭넓게 알린 작품으로, 굴드 박사는 이 책에서 다음과 같은 점을 강조하고 있다.

• 마렐라는 아라크노몰파라고 단언할 만한 특징도, 갑각류라고 단언할 만한 특징도 지니고 있지 않다.
• 오다라이아는 독특하면서 기묘한 꼬리가 있는데, 이 특징은 여느 절지동물과는 다르다.
• 레안코일리아는 다른 절지동물에게선 볼 수 없는 독특한 형태의 촉수가 두부에 나 있다. 언뜻 보면 아라크노몰파 같지만 다리의 배치가 아라크노몰파와는 다르다.

이러한 사실을 통해 굴드 박사는 다음과 같이 생각했다. '마렐라는 갑각류도 아라크노몰파도 아니며 오다라이아와 레안코일리아도 마찬가지

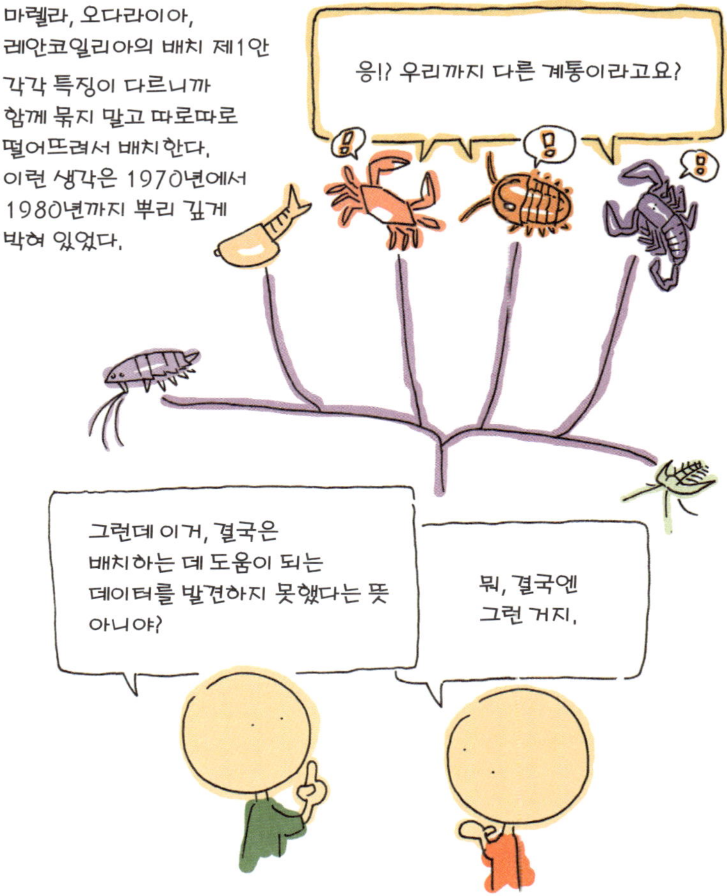

마렐라, 오다라이아,
레안코일리아의 배치 제1안

각각 특징이 다르니까
함께 묶지 말고 따로따로
떨어뜨려서 배치한다,
이런 생각은 1970년에서
1980년까지 뿌리 깊게
박혀 있었다,

응!? 우리까지 다른 계통이라고요?

그런데 이거, 결국은
배치하는 데 도움이 되는
데이터를 발견하지 못했다는 뜻
아니야?

뭐, 결국엔
그런 거지,

다. 이들은 기존의 어떤 절지동물과도 다른 독자적인 생물이라고 말할 수
있다.'

🌱 대담한 해석과 억측

특징이 각각 다르니까 다른 종이다. 이 정도는 누구나 할 수 있을 법

한 사고방식이지만, 굴드 박사는 이를 전제로 더욱 대담한 주장을 펼쳤다. "버제스 셰일의 절지동물은 서로 매우 다르다." 굴드 박사는 이와 같은 차이를 '이질성disparity'이라고 불렀는데, 이 이질성을 확인할 수 있는 절지동물은 결국 그 자취를 감추고 멸종하고 말았다.

굴드 박사는 선캄브리아기의 절지동물은 현대의 절지동물에 비해 훨씬 다양했다고 주장한다. 버제스 셰일에서 발견된 절지동물은 아라크노몰파도 아니고 갑각류도 아닌 현대의 절지동물과는 전혀 다른 모습을 한 동물이기 때문이다(말이 나온 김에 말하자면 다른 그룹에 속하는 곤충도 지네도 아니다.). 즉, 현재 지구에 사는 아라크노몰파는 고대에 출현했던 별의 수만큼이나 다양했던 절지동물의 극히 일부분이라는 주장이다. 그리고 버제스 셰일의 동물처럼 특이한 모습의 동물은 두 번 다시 출현하지 않았다.

어째서 이들은 멸종했던 것일까? 버제스 셰일에는 마렐라의 수가 압도적으로 많다. 이처럼 번성했던 종족이 멸종할 만한 필연적인 이유가 있었던 것일까? 이와 반대로 갑각류가 살아남을 수 있었던 필연적인 이유가 있었던 것일까? 안타깝게도 우리는 그 이유를 알 수 없다. 굴드 교수는 이런 모든 일이 우연이라고 말한다. 지구의 역사를 버제스의 시대부터 다시 시작한다고 해보자. 이때에도 마렐라가 멸종하고 갑각류가 살아남을까? 또 그렇게 될 거라고 단정할 수는 없지 않을까? 상황이 역전되어 마렐라가 생존한다 해도 전혀 이상하지 않다. "생물이 생존하고 멸종하는 것은 모두 우연이다." 이것이 굴드 교수의 결론이었다.

150년 전 다윈은 유리한 특성을 갖춘 생물은 그 수가 늘어난다는 극히 단순한 사실로부터 생물의 진화와 생명의 역사를 설명했다. 다윈의 진화이론에 따르면 지금 존재하는 생물의 모습과 기능, 분포 상태나 멸종까

지도 이 간단한 원리에 의해 형성된 것이 된다. 생물의 진화란 생존경쟁에 의해 추진된 현상인 것이다.

그러나 굴드 교수는 이 견해에 정면으로 대응했다. 확실히 유리한 특성이 있는 생물은 그 수가 증가할 것이다. 그러나 그것은 그 환경에 대응해 변화한 것뿐이다. 여기까지는 다윈과 굴드 교수의 생각이 그다지 다르지 않다. 하지만 굴드 교수는 대담하게도 생물에 기본적인 우열 따위는 없다는 영역에까지 발을 들여놓았다. 그리고 이를 뒷받침하는 근거가 바로 버제스 셰일이었다. 굴드 박사는 버제스 셰일의 절지동물을 근거로 종족에 따라 번영하는 것과 그러지 않는 것이 있는 점은 사실이지만, 생존경쟁이 그 원인이라기보다는 우연에 따른 것이라고 주장했다.

🌱 그 근거는 뭐~지?

생물에는 우열이 없다. 이 한 문장이 의미하는 바를 도덕적·윤리적으로만 생각한다면, 맞는 말일 것이다. 그러나 이 문장에 생존경쟁이라는 의미마저 없다고 말하는 굴드 교수의 의견은 매우 대담하다 할 수 있다. 그래서 굴드 교수의 의견이 독자에게 강한 인상을 줄 수밖에 없는 것이 아닐까? 이러니저러니 해도 그는 일반적인 세계관, 거의 모든 진화학자가 받아들인 진화이론의 핵심을 정면으로 부정했던 것이다. 모든 것은 주사위의 눈, 즉 우연으로 정해지는 것이며, 생물의 능력도 절대적인 기준이 없는 상대적인 것일 뿐이다. 종족의 번영과 쇠망을 결정짓는 유전적인 원리는 이 우주에는 존재하지 않는다. 우리는 생존경쟁으로부터 자유롭다.

그러나 옳고 그름과 도덕적 가치를 운운하기 이전에 이 가설에는 문제가 있다. 굴드 박사의 결론에는 말레라가 현재 존재하는 어떠한 절지동

생존경쟁은 생물의 기능이나 형태, 특징을 이해하는 데 필요한 개념이다.

물방개의 뒷다리는 사냥감을 효율적으로, 경쟁자보다 빨리 잡기 위해서라는 시점으로 보면 이해하기 쉽다.

물과도 다르다는 이질성이라는 전제가 깔려 있다. 그러므로 굴드 박사의 주장은 이질성이라는 단어의 타당성 여부에 따라 그 운명이 결정된다고 말할 수 있다. 그럼 이질성이란 도대체 무엇일까?

유전자나 기능의 차이,
생존경쟁으로부터 자유롭다고
생각하는 것은 괜찮지만,
이렇게 마구잡이로 쌓아올린
근거는 과연 옳은 것일까?

다르다고 말한다 해도

앞에서 우리는 시조새에 관한 이야기를 하면서 생물의 진화를 탐구할
때 사용할 수 있는 것은 새로운 특징뿐이며, 낡은 증거는 쓸모없다는 사
실을 알았다. 즉, "비슷하다, 비슷하지 않다는 기준으로는 진화의 역사를
재현할 수 없다."는 뜻이다. 만약 굴드 박사가 말하는 이질성이 "비슷하
다, 비슷하지 않다"라는 의미라고 한다면 어떻게 될까? 이질성은 진화의
역사를 반영하는 거울도 무엇도 아니게 된다.

반대로 좀 더 일반적인 견해를 가진 연구자들은 어떻게 생각할까? 이
책에서는 지금까지 진화의 역사를 탐구하는 방법론에 대해 논해 왔다. 그
내용을 정리해 보면 다음과 같다.

- 생물이 지닌 특성은 진화의 역사를 탐구하는 데이터가 된다.
- 미리 알고 있지 않은 한, 모든 데이터의 가치는 똑같다.
- 데이터로서 쓸모 있는 특징은 역사적으로 새로운 것이라야 한다.
- 이렇게 역사적으로 새로운 데이터는 다른 생물과 비교해 보면
  찾아낼 수 있다.
- 손에 넣은 그래프나 가설이 타당한지는 새로운 데이터를 더해 보면
  확인할 수 있다.

이런 기술을 이용해 진화의 역사를 재현하는 방법론을 분기학^{Cladistics}
또는 분기분류학 혹은 최절약법^{最節約法}이라고 한다.

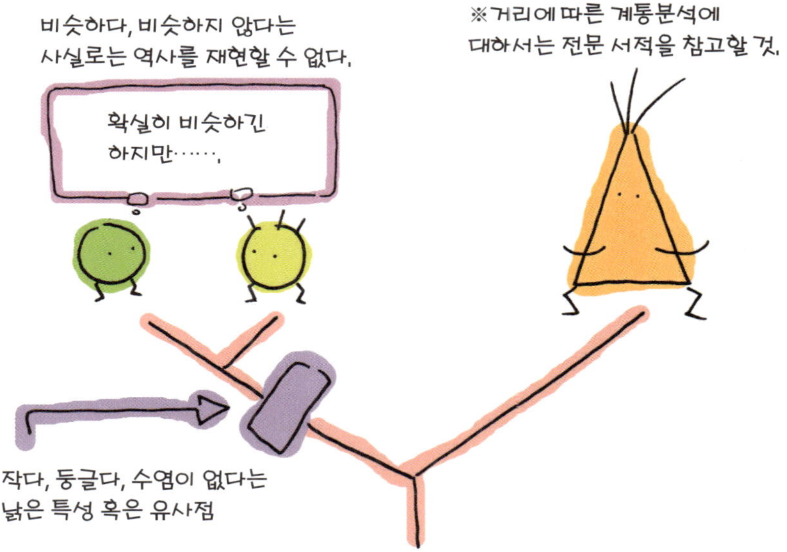

비슷하다, 비슷하지 않다는
사실로는 역사를 재현할 수 없다.

※거리에 따른 계통분석에
대하서는 전문 서적을 참고할 것.

확실히 비슷하긴
하지만……,

작다, 둥글다, 수염이 없다는
낡은 특성 혹은 유사점

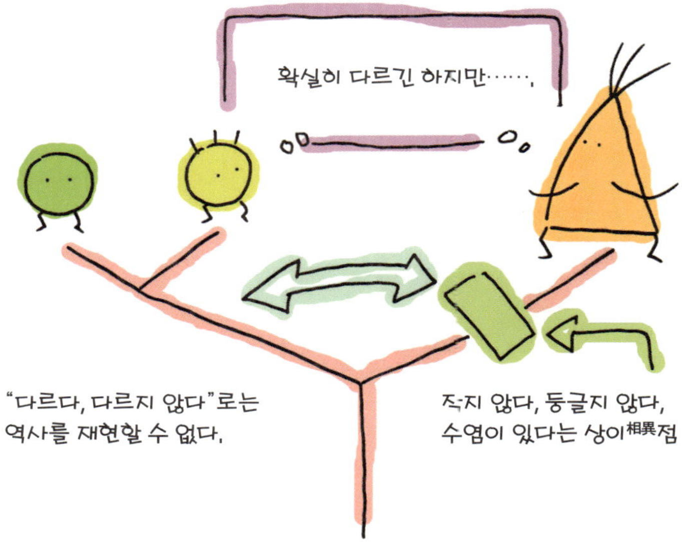

확실히 다르긴 하지만……,

"다르다, 다르지 않다"로는
역사를 재현할 수 없다.

작지 않다, 둥글지 않다,
수염이 있다는 상이相異점

175

🌱 역사 재현에 의한 반론

분기학 방법을 이용해서 얻은 결과를 바탕으로 영국 브리스톨대학 University of Bristol의 브리스BRIS(Bristol Biological Sciences) 연구팀은 1989년에 말레라나 오비라이아, 레안코일리아가 보통의 절지동물이라고 주장했다. 우연히도 굴드 교수의 《생명, 그 경이로움에 대하여》가 출판된 해와 같은 시기였다. "말레라는 확실히 갑각류도 아라크노몰파도 아니다. 그렇다고 굴드 교수의 말대로 전혀 다른 계통의 절지동물이라고 할 수도 없다. 말레라는 갑각류나 아라크노몰파를 탄생시킨 공통조상과 가까운 원시적인 종족인 듯하다."

브리스 연구팀의 주장에 따르면 오다라이아는 갑각류였으며, 레안코일리아는 아라크노몰파였다. 그렇다면 레안코일리아의 기괴한 포획용 촉수는 도대체 무엇일까? 브리스 연구팀은 삼엽충의 더듬이나 전갈의 이빨이 이 기관과 대응한다고 생각했다. 사실 더듬이도 촉수도 이빨도 모두 머리에서 자라난 기관이다. 단지 삼엽충은 주변을 탐색하는 더듬이로, 레안코일리아나 전갈은 무기나 먹잇감을 물어뜯는 도구로 사용한다. 그렇다면 레안코일리아는 삼엽충보다 오히려 전갈에 더 가까운 동물이 된다.

브리스 연구팀은 1992년에 다시 한 번 버제스 셰일의 절지동물 사이의 이질성을 측정한 결과를 발표했다. 그들은 굴드 교수가 말하는 이질성에 대해 논리적으로 설명하기가 매우 어렵다고 했다. 즉, 이런 것이다. "A와 B는 굉장히 다르다." 이렇게 직관적으로 말하는 것은 쉽지만, "그 차이를 어떻게 구체적으로 측정할 것인가?"라고 논리적인 증거를 요구하면 어떻게 할 것인가? 브리스 연구팀은 형태의 차이를 계측하긴 했지만, 그것을 정말 이질성이라고 불러야 할지는 확실하게 이야기하지 못했다. 그

마렐라, 오비라이아, 레안코일리아의 배치 제2안 – 브릭스 교수의 아이디어
※공통점을 찾았더니 기존의 절지동물 분류 구조와 딱 맞아떨어졌다.

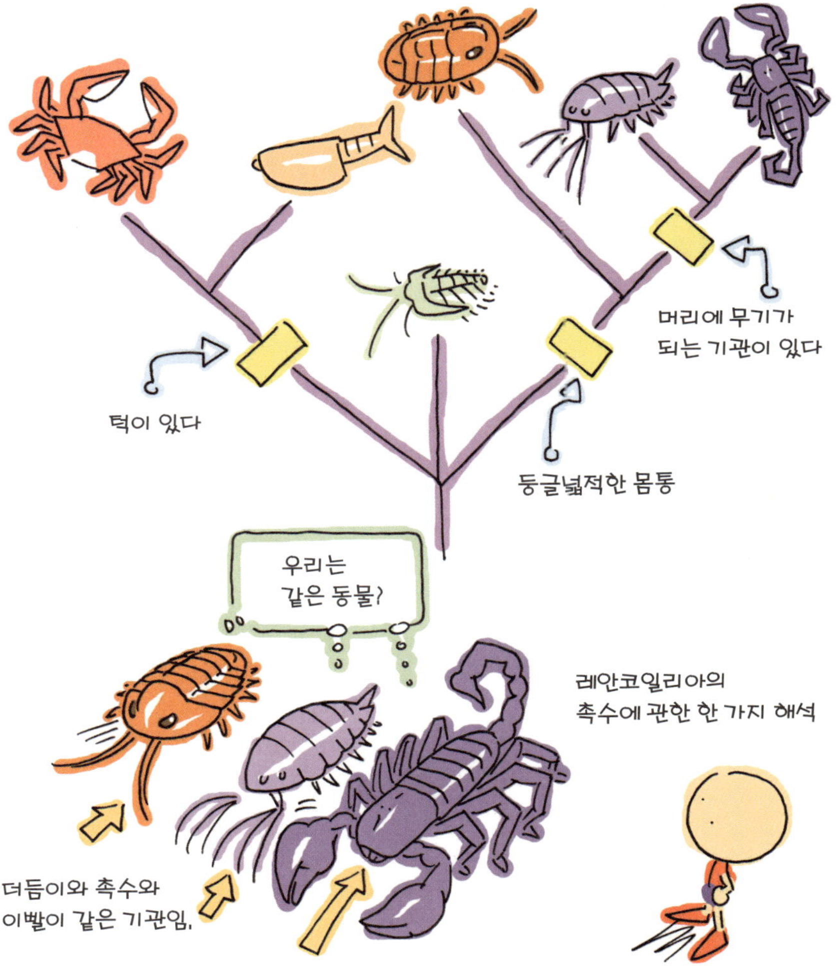

머리에 무기가
되는 기관이 있다

턱이 있다

둥글넓적한 몸통

우리는
같은 동물?

레안코일리아의
촉수에 관한 한 가지 해석

더듬이와 촉수와
이빨이 같은 기관임.

렇지만 이 문제가 브리스 연구팀의 책임은 아니다. 이질성이라는 이야기를 먼저 언급한 이는 그들이 아니기 때문이다. 어찌 되었든 브리스 연구팀은 말레라, 오비라이아, 레안코일리아 버제스 셰일의 절지동물과 현존하는 절지동물의 형태간 차이를 측정했지만 "양쪽이 그다지 다르지 않다."는 결과가 나왔다.

🌱 방법론이 다르면 의견도 다르다

안타깝게도 굴드 교수의 아이디어를 뒷받침하는 논리적인 데이터가 없었다. 1991년과 1992년의 논문에서 굴드 교수는 분기학과 비슷한 분석 수단으로는 버제스 셰일의 이질성을 측정할 수 없다는 말로 브리스 연구팀의 의견에 반박했다. 이것은 옳은 말이다. 사실 분기학이라는 방법론으로는 이질성을 측정할 수 없다. 애당초 이질성 따위가 데이터로서 도움이 되지 않는다는 것이 분기학의 입장이기 때문이다. 굴드 교수의 "일반적인 계통의 탐구 방법으로는 버제스 셰일의 동물을 분리할 수 없다."라는 주장은 과학적인 근거가 있는 것일까?

브리스 연구팀은 형태의 차이를 계측해서 이질성을 부정했지만, 굴드 교수는 이것을 받아들이지 않았다. 계측 방법이 적절하지 않았다는 것이다. 그렇지만 굴드 교수 자신도 버제스에서 찾아낸 절지동물의 이질성이 구체적으로 얼마나 큰지는 말하지 못했던 듯하다.

이렇게 되니, 이질성이라는 것이 도대체 무엇을 논할 수 있다는 건지 의문이 든다. 진화의 역사라는 분기학이라는 시점으로 보았을 때, 시조새는 다른 공룡보다 현대의 새에 가깝다. 털 세가닥은 멋진수염에 가깝다. 이것은 옳다. 그리고 분기학에 의해 재현된 역사로부터 우리는 새의 진화 과정을 관찰할 수도 있다. 이런 이야기는 이미 앞에서 설명했다.

반대로 "비슷하다, 비슷하지 않다."라는 시점으로 생각해 보자. 시조새는 현대의 새보다 오히려 공룡과 비슷하고 털 세가닥은 멋진수염보다 둥근얼굴과 비슷한 것이 되어 버린다. 이대로는 역사를 똑바로 재현할 수가 없다.

⊕ 일단은 역사를 재현하는 일에 의미를

역사는 과거에 일어난 일이다. 과거의 일 따위는 불확실한데 그런 거 아무러면 어떠냐고 큰소리치는 사람도 있다. 이런 사람에게는 분기학이 보여주는 역사나 굴드 교수의 이질성 따위는 큰 차이가 없을 것이다. 그러나 이런 사람도 일분일초 전, 24시간 전, 몇 년 전의 과거에 의거해서 행동하며, 그 과거라는 것은 모두 확보한 데이터에서 추론한 가설이다.

그렇다고 가설이면 다 옳다는 말은 아니다. 만약 모든 가설이 다 옳다면, 피라미드는 우주인이 만들었다는 것도 옳고, 사실은 자신이 미래에서 왔다고 주장해도 옳을 것이기 때문이다. 그런데도 역사가 가설이며, 그런 것은 전부 불확실한 것 아니냐고 주장한다면 그 사람은 일 초 전의 기억도 신용할 수 없다는 말이 된다. 그러니 이처럼 생각하는 사람에게 무슨 안전이 있겠는가? 조금 전에 본 빨간 신호등을 신용하지 못한다면, 우리의 운명은 어떻게 될까? 역사를 재현하는 적절한 방법을 연구자가 따르는 것은 당연한 일이다. 논리적으로 가장 타당한 과거를 추론하는 일은 현재 우리에게 필요한 가장 타당한 답을 발견하는 것과 마찬가지로 중요하다. 현재와 과거는 모두 우리의 존재 그 자체에 간

섭할 수 있으며, 경우에 따라서는 우리를 죽일 수도 있기 때문이다. 빨간 신호등을 믿지 못하고 길을 건너다 사고가 나는 것처럼 말이다. 자연과학자는 자신의 외부 세계를 해명하기 위해 연구한다. 때문에 그들이 역사를 다루는 것은 마땅한 일이다. 역사라는 것은 우리를 간섭하는 인간 이외의 '어떤 것'이기 때문이다.

⑪ 이질성이란 대체 뭘까?

역사는 이처럼 매우 중요하다. 물론 역사가 주관적이라고 말하는 사람도 있지만, 피라미드가 우주인에 의해 만들어졌다는 역사가, 일반적인 고대 이집트사와 동등한 입장이 될 수는 없다. 즉, 아무리 주관적인 여과 장치를 거친다고 해도, 객관적인 역사는 이를 허용하지 않는다는 것이다. 그렇다면 굴드 박사의 이질성은 어떨까?

예를 들어 딸기 케이크를 만든다고 생각해 보자. 시트 케이크를 만들고 생크림을 바른 다음 딸기를 올린다. 이것은 딸기 케이크라는 하나의 계보가 세 개의 공정으로 이루어지는 것이나 다름없다고 할 수 있다. 여기서 이질성이란 딸기가 있는 케이크와 없는 케이크의 차이라고 보면 된다. 이 차이는 크다. 두 조카 중 한 명에게는 딸기가 없는 케이크를, 다른 한 명에게는 딸기가 있는 케이크를 선물했다고 생각해 보라. 분명 두 조카는 싸우게 될 것이다. 이렇듯 딸기가 있고 없고의 차이는 매우 중요한 문제라는 것이 굴드 박사의 주장이다.

그러나 이것도 어차피 인간의 감정이나 심리에 따른 결정이라고 해야하지 않을까. 객관적이라기보다는 오히려 주관적이고, 자연과학이라기보다는 심리학 범주에 속하는 것으로 보인다.

딸기가 있는가, 없는가는 확실히 인간에게 중요한 문제다. 그러나 딸

5분 전의 과거는
이 세상 어디에도 없다고 하면,
과거가 존재하지 않는다고
말하는 것이다.

역사는 주관적이라고
주장한대도, 과거에서
벗어날 수는 없는 것이다.

그러나 현재는 과거의
연장선에 있다. 과거가 현재를
만들고, 현재는 과거에서 형성된
'상태'로부터 벗어날 수 없다.

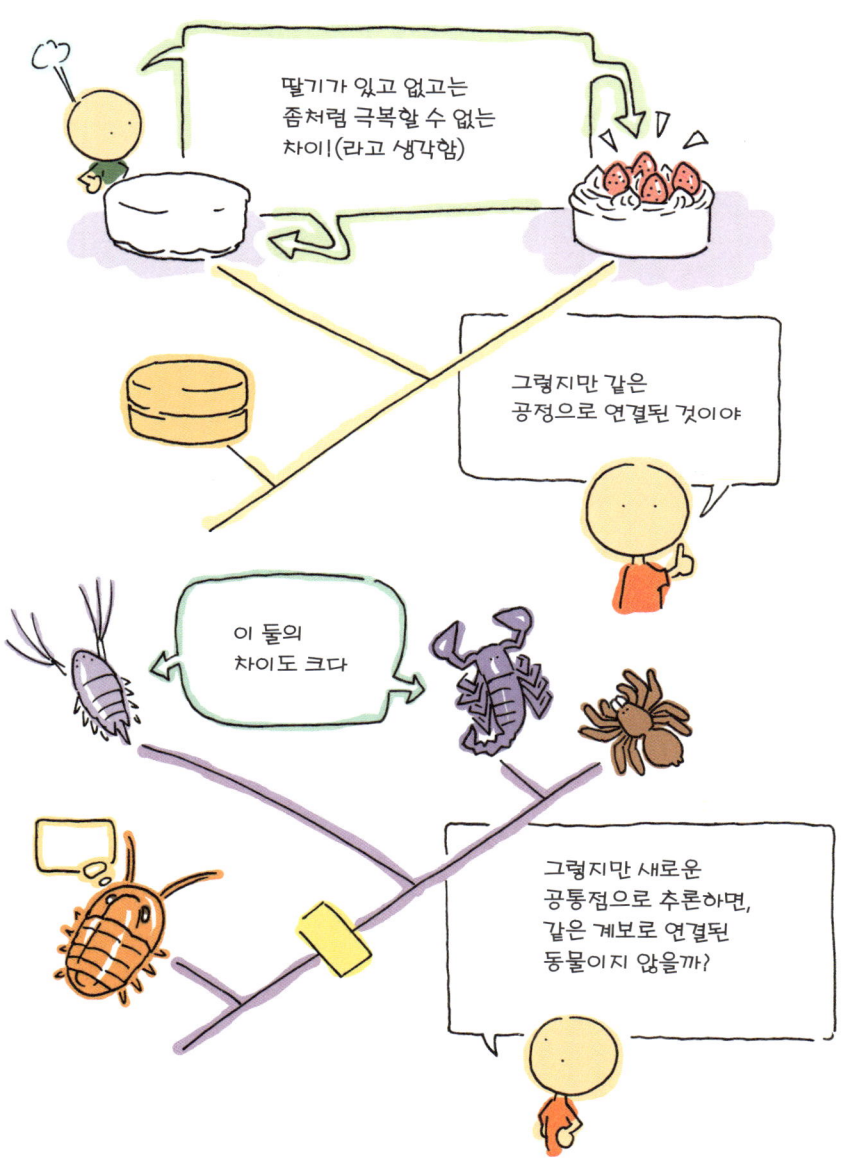

기 케이크를 만드는 공정의 입장에서 본다면 모든 공정 가운데 하나의 공정일 뿐이다. 레안코일리아와 거미는 그 차이가 심하다. 그렇지만 진화의 역사에서 본다면 같은 계통에 속하는 동물이긴 마찬가지다. "다르기 때문에 다른 것이다." 이 이치대로라면, 시트 케이크는 딸기를 올린 케이크와 다르다는 말이 된다. 맞는 말이긴 하지만, 어차피 둘 다 하나의 공정 속에 포함된 것이다.

이질성을 바탕으로 굴드 교수는 역사에 대해 이야기했다. "다르기 때문에 다른 계통의 절지동물이다. 그리고 진화는 우연이다." 이 주장은 기존의 입장과 다르기 때문에 주목을 받았던 것뿐이다. 굴드 교수는 검증도 안 된 데이터로 역사를 재현했다고 이야기할 수 있다.

🌱 오늘날의 세계

캄브리아기로부터 약 5억 년이 흘렀다. 말레라 계통은 아득한 고대에서 끊어져 이제 더는 존재하지 않는다. 일찍이 매우 번성했던 아라크노몰파 중에 현재 바다에 사는 동물은 투구게와 바다거미뿐이다. 그렇게나 번성했던 삼엽충도 완전히 멸종해 버렸다. 바다를 지배하는 절지동물이라는 지위는 삼엽충도 다른 아라크노몰파도 아닌, 경쟁자였던 갑각류에게 돌아갔다. 이들은 아무리 큰 먹잇감이라도 강력한 턱으로 부숴 먹는다. 바다에는 다른 세력도 존재한다. 턱이 있는 물고기와 두족류Cephalopoda (앵무조개·오징어·낙지 등이 포함되는 동물군으로 연체동물 중에서 가장 진화된 형태를 하고 있다-역주)이다. 캄브리아기에도 이들의 선조는 있었지만, 턱도 없었으며 그다지 활동적인 동물도 아니었다. 그러나 지금은 민첩하고 강력한 포식자로서 바다에 군림하고 있다. 바다에는 산호초나 해초 숲도 존재한다. 오늘날은 캄브리아기 때는 상상할 수 없었을 정도로 풍요로운 세계가 펼쳐져 있는 것이다. 앞다리를 가위처럼 무시무시한 무기로 변화시킨 게가 있는가 하면, 튼튼한 이빨로 산호까지 씹어 먹는 물고기도 있다. 몇 억 년이라는 세월의 흐름과 생물 사이의 경합이 이처럼 놀랄 만한 세계를 탄생시켰다.

육지의 상태도 일변했다. 몇 종류의 동식물이 육지로 진출해 일찍이 불모상태였던 대지는 생명으로 가득 찬 숲이 되었다. 자연의 축소판인 공원 연못에서는 아이들이 가재를 잡고 있다. 이 아이는 자신이 잡으려 하는 가재가 갑각류임을 알지 못할 것이다. 그러나 가재의 선조도 이 아이의 선조도 아득히 먼 몇 억 년 전에는 같은 바다에서 살았다.

아이는 조심스럽게 이 생물을 붙잡는다. 가위손을 치켜들고 위협하는 가재는 아이에겐 나름대로 위험한 상대다. 가재의 몸은 걷는 데 적합한 다리와 전투용 가위손 등 신체의 몇 가지 기관을 특성화시켰다. 커다란 머리를 다리로 지탱하며, 배를 세게 흔들어 빠른 속도로 이동할 수 있다. 이것은 고대에 존재했던 가재의 친척보다 훨씬 세련된 모습이다. 그래서일까, 원시적인 갑각류 투구새우는 지금은 적이 별로 없는 논에만 산다.

공원에 가을이 찾아오면 호숫가에 자라는 식물에 은빛 그물을 치고 사는 긴호랑거미를 볼 수 있다. 긴호랑거미는 거미줄에 걸린 곤충을 엉덩이에서 뽑은 실로 둘둘 감아 독니를 찔러 넣는다. 이 거미의 독니는 다른

가재

긴호랑거미

절지동물이 지닌 더듬이에 상응하는 기관이라고 알려졌다. 더듬이가 이런 무시무시한 독니가 되었다니 놀랄 만한 일이다. 그러나 독니는 턱이라고는 할 수 없다.

턱을 지닌 곤충은 풀을 아삭아삭 갉아먹는 메뚜기 같은 종족을 만들었다. 그러나 턱이 없는 아라크노몰파는 끝끝내 이런 종족을 진화시키지 못했다. 이들은 턱이 없는 까닭에 살아가는 데 제약이 있었다. 그러나 육상에 진출한 종족 중에서 거미가 출현했다. 처음에는 습하고 어두운 장소에서 생활했던 이들이 진화의 과정을 거쳐 거미줄을 칠 수 있게 되어, 결국 3차원의 세계에 진출했다. 에너지를 거의 소비하지 않고서 공중에 정지해 있을 수 있는 동물은 거미 정도일 것이다. 긴호랑거미가 아름다운 거미줄을 진화시키기까지 참으로 오랜 시간이 걸렸다. 5억 년이라는 세월을 거쳐 호랑거미는 바다에서 공중으로 번영의 장소를 옮긴 것이다.

좀 더 깊이 있는
이야기들

버제스 셰일에 관한 논쟁에는 남은 이야기가 있다. 스웨덴의 웁살라 대학^{Uppsala University}. 이 대학은 생물분류학의 시조인 칼 폰 린네 Carl von Linn?(스웨덴의 식물학자로 생물 분류학의 기초를 닦는 데 결정적인 기여를 하였으며 두 단어로 된 학명을 만드는 이명법을 확립하였다-역주)가 있었던 대학으로, 이곳에서 연구를 하고 있는 그래함 버드 Graham Budd 박사는 버제스 셰일의 생물에 대해 굴드 교수나 브리스 연구팀과는 다른 의견을 주장했다.

버드도 브리스 연구팀과 마찬가지로 버제스 셰일에서 발견된 데이터로 진화의 역사를 추론했다. 단, 그는 아이셰아이아Aysheaia나 아노말로카리스Anomalocaris라고 불리는 동물을 비교 대상으로 한 점이 달랐다. 몇 번이나 이야기했듯이 진화의 역사를 재현하는 데 필요한 것은 역사적으로 '새로운 데이터'다. 그리고 이것을 발견하려면 보다 원시적이라고 생각되는 생물과 비교하면 된다. 이런 과정을 거쳐 필요한 데이터를 걸러내고 모을 수 있다. 버드의 연구법이 주목받을 수 있었던 이유는, 비교에 사용했던 원시적인 동물의 두부에 무언가 커다란 촉수가 나 있었기 때문이다.

아노말로카리스. 이 동물 역시 버제스의 바다에서 살았으며 몸길이는 60센티미터 정도다. 작은 것 같지만 당시에는 가장 큰 육식 동물이자 지구 역사상 최초의 패왕이기도 했다. 아노말로카리스도 절지동물과 한 무리였지만 레안코일리아보다 원시적이며 몸도 상당히 부드러웠던 듯하다. 그래서인지 화석의 보존 상태가 그다지 좋지 않다. 중국에서 발견된 동류로부터 생각해 보면, 이들은 다리가 있었지만, 마치 청소기 호스같이 부

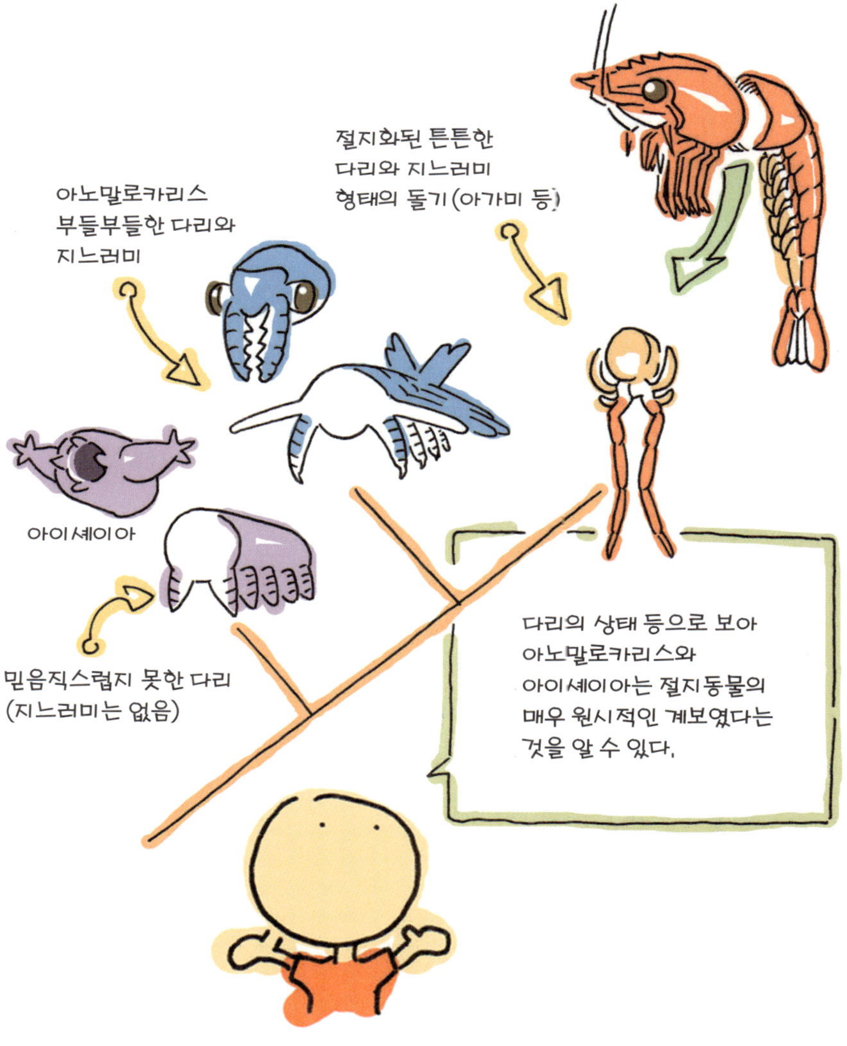

아노말로카리스
부들부들한 다리와
지느러미

절지화된 튼튼한
다리와 지느러미
형태의 돌기 (아가미 등)

아이세이아

믿음직스럽지 못한 다리
(지느러미는 없음)

다리의 상태 등으로 보아
아노말로카리스와
아이세이아는 절지동물의
매우 원시적인 계보였다는
것을 알 수 있다.

187

들부들해서 믿음직스럽지는 못했다. 그러나 튼튼한 부분도 있었다. 머리에서 뻗은 촉수인데, 이것이야말로 절지동물다운 특징을 그대로 보여주고 있다. 가시투성이 촉수를 보니 이것으로 먹이를 잡았을 것임이 확실하다. 또 한 군데 튼튼한 곳이 바로 입이다. 매우 특이한 형태로 마치 파인애플의 단면처럼 생겼으며, 이빨 같은 것이 구멍 주위로 둥글게 나 있다.

아이셰아이아도 버제스의 바다에서 살았던 동물이다. 아노말로카리스보다 더 작고 형태나 크기면에서 마치 나방 유충과 비슷했으며, 평소에는 해저에 사는 해면海綿에 달라붙어 있거나 주변을 걸어 다녔다. 다리가 있기 때문에 절지동물과 가까운 종이었지만, 이 동물의 다리 또한 미덥지 못했다. 주목하고 싶은 점은 이 생물의 머리에도 붙어 있는, 팔이나 더듬이라고 할 수 없는 기관이다.

아이셰아이아는 절지동물의 근연종으로 아노말로카리스보다 원시적이다. 그러나 이들은 머리에 팔과 흡사한 기관이 있다. 좀 더 절지동물다운 아라크노몰파도 머리에 팔처럼 생긴 기관이 나 있다. 이런 사실을 보면 다음과 같이 추론할 수 있다. "절지동물은 그 역사 초기에 머리에 포획용 촉수 혹은 이에 준하는 기관이 있지 않았을까. 그렇다면 이것은 오래된 특징이 아닐까."

이 가설이 사실이라면, 포획용 촉수를 지닌 아노말로카리스와 비교했을 때 레안코일리아의 촉수는 진화의 역사를 재현하는 '새로운 데이터'가 될 수 없다. 즉, 레안코일리아를 아라크노몰파로 묶는 근거를 잃게 된다. 버드가 주장한 가설을 대략적으로 말하면 이렇다. "레안코일리아는 틀림없는 절지동물이다. 그러나 매우 원시적인 절지동물로서 아라크노몰파도 갑각류도 아니었다."

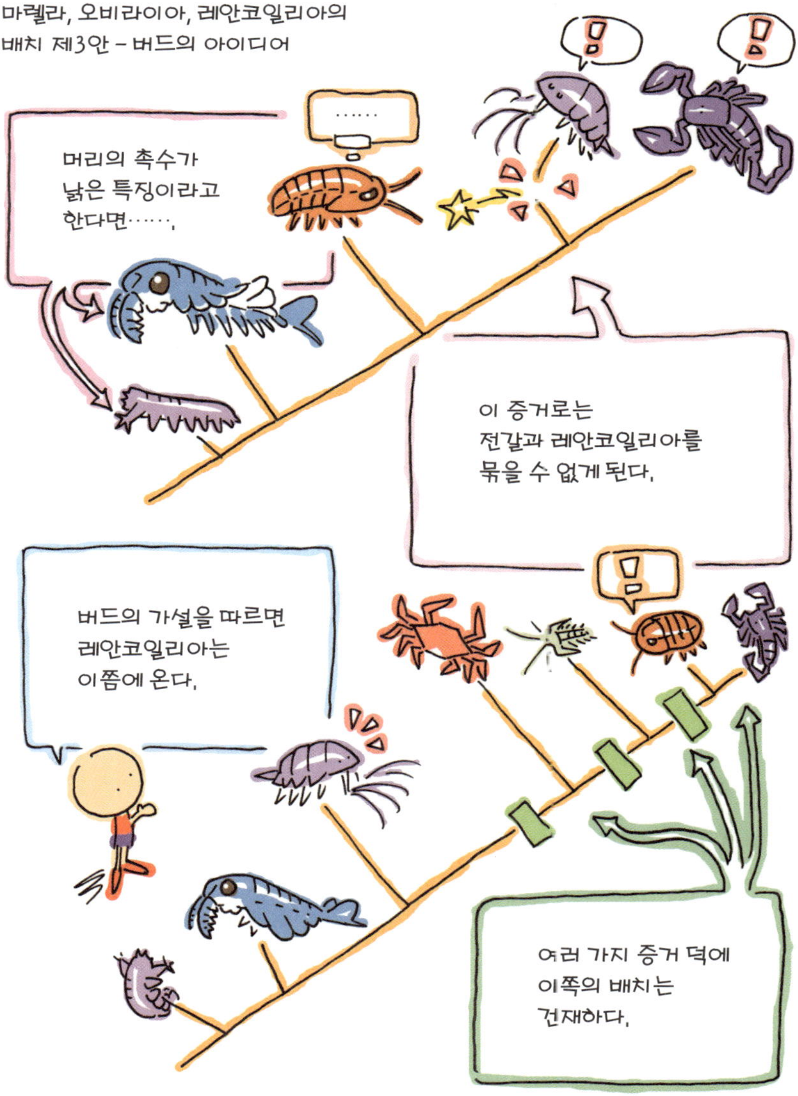

마렐라, 오비라이아, 레안코일리아의
배치 제3안 – 버드의 아이디어

머리의 촉수가
낡은 특징이라고
한다면……,

이 증거로는
전갈과 레안코일리아를
묶을 수 없게 된다,

버드의 가설을 따르면
레안코일리아는
이쪽에 온다,

여러 가지 증거 덕에
이쪽의 배치는
건재하다,

🌱 가설이 교대하는 것은 진보한다는 증거

버드의 견해를 듣고서 아마 대부분의 사람들이 '이렇게 새로운 사고 방식도 있구나.'라고 생각할 것이다. 그러나 그중에는 이렇게 생각하는 사람도 있을 것이다. '처음에는 굴드 교수의 의견이 부정당하더니 이제는 브리스 연구팀의 의견까지 부정당했네. 그렇다면 버드의 의견도 결국은 마찬가지겠지. 나는 절대 신용하지 않아.'라고 말이다. 실제로 이렇게 비관적인 의견을 말하거나 여기서 한 걸음 더 나아가 과학은 망상만을 이야기하고 진보 따윈 하지 않으며 어떤 과학 이론이라도 결국은 가설에 지나지 않는 속임수라고 지나치게 극단적인 주장을 하는 사람도 있다. 확실히 과학의 역사에서 갖가지 이론이나 가설이 태어났다가 사라진 것은 사실이다. 그러나 그것들은 어떤 현상을 설명하기 위해 제안된 것으로 나름대로 도움이 되는 역할을 하고 사라졌다.

아득한 옛날 고대인에게 하늘은 마치 지붕과 같았다. 고대인들은 이를 천개天蓋라고 불렀으며, 그 안에서 별이 움직인다고 생각했다. 시간이 흘러 고대 그리스인은 별이나 행성이 지구 주위를 원 궤도를 그리며 돈다고 생각했다. 이것은 고대인의 생각보다는 상당히 현실에 가까웠으며, 실제로 천체의 운행을 꽤 정확히 예상할 수도 있었다. 하지만 이 천동설도 머지않아 지동설에 자리를 내주고, 지동설도 그 후에 업그레이드를 해야 했다. 최초의 지동설에서는 행성 궤도를 정원형正圓形이라고 생각했지만, 이것은 케플러Johannes Kepler(독일의 천문학자. 행성의 운동에 관한 제1법칙인 '타원 궤도의 법칙'과 제2법칙인 '면적속도 일정의 법칙'을 발표하여 코페르니쿠스의 지동설을 수정·발전시켰다-역주)에 의해 타원 궤도로 수정되었다. 그편이 행성의 움직임을 좀 더 명쾌하게 설명할 수 있었

가설은 설득력이
높은 쪽이 살아남는다.

가설은 일단 도움이 되면
그걸로 충분하며, 이후에 더 나은 가설과
교대하면 된다. 이것은 더욱 적절한
대답을 얻기 위한 과정이다.

가설은 어차피 무너지는 거라며
실망하는 사람은 오히려 신앙을 요구한다고
할 수 있다.

기 때문이다. 케플러는 행성의 움직임을 설명하는 원리를 여러 개 제안했고, 이것은 나중에 뉴턴Isaac Newton의 만유인력의 법칙에 의해 증명되었다. 이런 과정을 거쳐 현재의 과학자는 천체의 움직임을 거의 정확하게 파악하고 예측할 수 있게 되었다. 우리는 멀리 있는 별까지 한 치의 오차도 없이 로켓을 보낼 수 있다. 지금은 아인슈타인의 상대성이론이 우주이론을 지배하고 있지만, 이것도 다시 좀 더 나은 이론이 나타나면 자리를 물려줄 것이다.

확실히 이것은 가설의 교대다. 그러나 이것은 후퇴일까? 그렇지는 않다. 우여곡절은 있었지만 새로 제안된 가설은 그전의 가설보다 설득력이 높았다. 이것은 진보다. 과학은 종교가 아니기 때문에 진리에 안주하지 않는다. 만약 그렇다고 한다면 우리는 아직도 천동설은커녕 별이 천개를 돌아다닌다는 원시적인 생각에서 벗어나지 못했을 것이다. 가설은 계속해서 교체되니까 모든 가설이 무의미하다는 발상은 틀렸다. 만약 그렇다면, 어차피 우리는 나중에 생각을 고쳐야 하니까 생각하는 것 자체가 무의미하다고 말하는 것이 된다. 진리에 안주하면 진보할 수 없다. 손 안에 넣은 가설에 만족해서 그 이상의 지식을 구하는 것을 그만두는 것과 진배없다.

🌱 그럼 누구 의견이 더 나은 거지?

자, 그렇다면 브리스 연구팀과 버드의 가설 중 어느 쪽이 더 나은 것일까? 여기서 다시 스즈키 교수의 의견을 들어보자. "두 가설의 단순한 비교는 어렵지만, 통합적으로 보면 버드의 가설이 설득력이 높지 않을까요." 확실히 말하자면 그렇다. 브리스 연구팀의 가설에는 아노말로카리스와 아이세아이아가 포함되지 않았기 때문이다. 게다가 버드의 가설은 이

푹시안후이아(Fuxianhuia)
단순하고 원시적인 다리를 지님,
눈 밑에 포획용 촉수가
있는 것이 특징.

둘을 포함할 뿐만 아니라, 아노말로카리스의 촉수가 어떻게 된 것인지까지 설명하고 있다.

최근에 중국에서 발견된 <mark>푹시안후이아</mark>의 모습을 두고 몇몇 사람은 노래기와 투구새우를 섞어 놓은 듯한 동물이라고 표현했다. 이 동물의 크기는 10센티미터 정도이며 새우처럼 눈과 더듬이가 있지만 튼튼하고 끝이 뾰족한 촉수도 달려 있다. 버드는 이 촉수가 아노말로카리스나 레안코일리아의 포획용 촉수에 대응하는 기관이라고 생각한다.

단, 이런 식으로 생각하면 조금 걸리는 점이 있다. 아노말로카리스나 레안코일리아도 포획용 촉수는 머리의 맨 앞쪽에 뻗어 있다. 그러나 푹시안후이아는 더듬이가 가장 앞쪽에 있으며 포획용 촉수는 더듬이 뒤에 있다. 부착 위치로 따지면, 아노말로카리스의 포획용 촉수는 푹시안후이아의 더듬이와 대응된다고 생각해야 하지 않을까?

그러나 버드는 푹시안후이아의 포획용 촉수의 '부착 방법'에 주목했다. 촉수는 더듬이의 바로 뒤라기보다는 오히려 그 밑, 배 쪽에 있는 입 바로 앞에 붙어 있다. 즉, 포획용 촉수가 머리에서 배 쪽으로 내려와 결국에는 뒤쪽으로 구부러진 것이다. 원래는 가장 앞에 있었던 포획용 촉수가 더듬이보다 뒤쪽으로 가버린 것에 지나지 않는다는 것이 버드의 주장이다. 이 주장을 뒷받침이라도 하듯 현재의 절지동물에도 머리의 앞에서 뒤

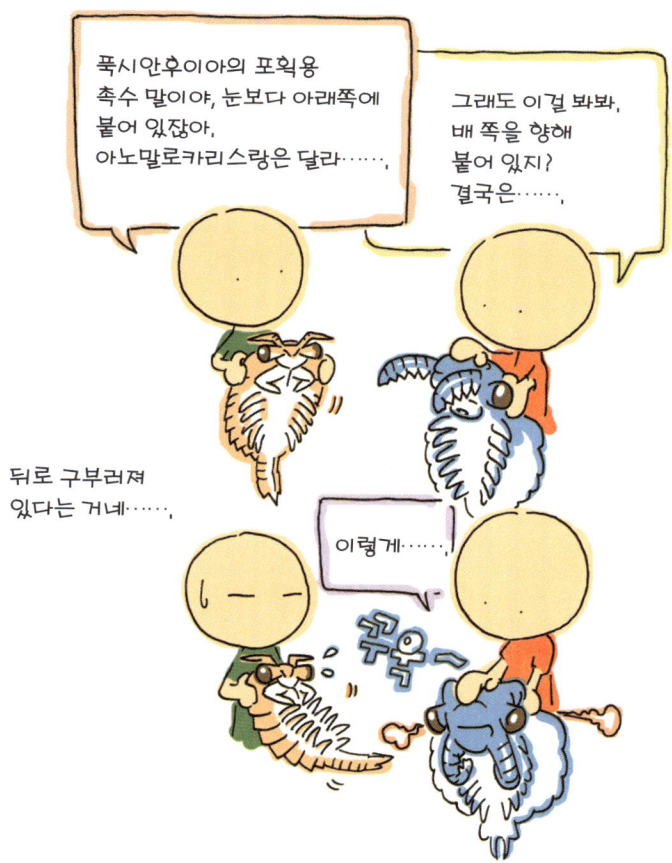

푹시안후이아의 포획용 촉수 말이야, 눈보다 아래쪽에 붙어 있잖아. 아노말로카리스랑은 달라……,

그래도 이걸 봐봐, 배 쪽을 향해 붙어 있지? 결국은……,

뒤로 구부러져 있다는 거네……,

이렇게……,

쪽으로 구부려져 입을 포개는 부분이 있다. 투구새우의 입을 보면 이런 특징을 확인할 수 있는데 이것이 바로 이런 변천의 흔적이 아닐까.

더듬이와 포획용 촉수 둘 다 지닌 절지동물은 푹시안후이아 말고도 몇 종류가 더 있다. 이런 특징을 브리스 연구팀의 가설로 설명하기는 불가능하거나 어렵다. 그러나 버드의 가설로는 오히려 적극적으로 설명할 수 있다.

스즈키 교수는 이런 상황을 다음과 같이 설명한다. "브리스 연구팀은 고대 절지동물을 일반적인 견해를 지지하는 연구자들이 가지고 있던 상자에 넣는 법을 보여주었습니다. 그러나 버드는 상자 자체의 구조를 살짝 개선하는 것으로 좀 더 능숙하게 넣을 수 있는 방법을 보여준 것입니다. 그것뿐 아니라 지금까지 정보가 빠진 채로 뚫려 있던 부분을 새로 발견한 동물로 채워 넣어 전체를 부드럽게 연결해 주었습니다."

확실히 잃어버린 계보의 조각을 직접 보여주는 것은 고생물학자 대부분이 인정하는 특권이다. 그리고 이 특권을 이용해 절지동물 역사의 새벽을 재현한 버드의 가설은 참으로 매력적이다. 버드의 가설은 "아노말로카리스가 지닌 포획용 촉수는 어디에서 와서 어떻게 되었던 것일까?"란 질문에도 대답하고 있다. 이러한 촉수는 푹시안후이아와 같은 단계를 거쳐 최종적으로는 소멸해 버렸다. 결과적으로 현재의 절지동물에는 더듬이만 남고, 아라크노몰파는 한술 더 떠서 더듬이마저 사라진 것이다. 또한 버드의 가설은 고생물학적인 데이터만이 아니라 해부학적인 데이터, 즉 신경구조까지도 포함해 완성된 이론이다. "광범위하고 다양한 분야의 데이터를 이용해 뒷받침된 가설이라 할 수 있죠." 스즈키 교수는 이렇게 말한다.

어느 가설이 더 정확한가는 새로운 데이터를 추가해 보면 확인할 수 있다. 그러나 이것이 꼭 그 분야에만 얽매일 필요는 없다. 이제는 진화발생학(evo-devo라고도 불린다.)이나 해부학, 분자유전학에 고생물학 등 온갖 지식을 동원해 통합적인 사고를 하는 것이 당연하게 되었다. 이러한 새로운 움직임 속에서 우리는 앞으로 버제스 셰일의 절지동물을 더 깊이 이해할 수 있을 것이다.

돌이켜 생각해 보니 굴드 교수는 손에 넣은 데이터를 상자에 넣는 행위를 포기해 버렸다고 말할 수 있다. 이런 자세가 다른 연구자에게 비판받는 것은 당연하다. "내 가설은 특별하니까 분석할 수 없다." 이렇게 말해버렸을 때, 이미 이것은 과학적인 검증 대상에서 제외되어 버리기 때문이다.

이에 반해 브리스 연구팀이 기존의 틀을 이용한 것은 당연히 더욱 생산적인 일이었으며, 버제스 셰일의 절지동물을 이해하는 길로 한 발 더 내딛게 해주었다.

그리고 버드가 한 일은 기존 틀의 개량이었다. 어떤 경우에서든 개량했으면 그 이점이 나타나야 한다. 그리고 그 이점의 매력은 이미 앞에서 말한 대로다. 모든 가설은 검증 대상이 되며, 어떤 것은 기각되고 어떤 것은 개량된다. 과학은 이렇게 진보해 왔다. 스즈키 교수는 이런 과정을 과학의 진화라고 말할 수 있다고 했는데, 필자 또한 그 말에 동의한다. 가설은 불안정하고 엉성한 것이 아니라, 이해가 진척되는 상태를 보여주고 있는 것일 뿐이다. 절지동물은 종류도 다양하고 화석도 풍부하지만, 이들의 역사는 아직도 상당 부분 수수께끼로 남아 있다. 절지동물의 수수께끼를 풀고자 연구자들은 모든 지식을 총동원하고 있지만, 전부 해명하려면 아직 멀었다. 그러나 적어도 우리는 그 과정을 목격하고 있다. 가설은 계속해서 업그레이드되고 있고, 이에 따른 설득력도 높아질 것이다. 이것은 조용하지만, 이해에 다다르는 확실한 길이다.

삼엽충은 절지동물 중에서 예외적으로 결정질의 껍데기를 지니고 있다. 그 때문에
화석으로 남기 쉬워, 분류학적으로 매우 여러 종류가 알려졌다. 종류가 많다는 것도

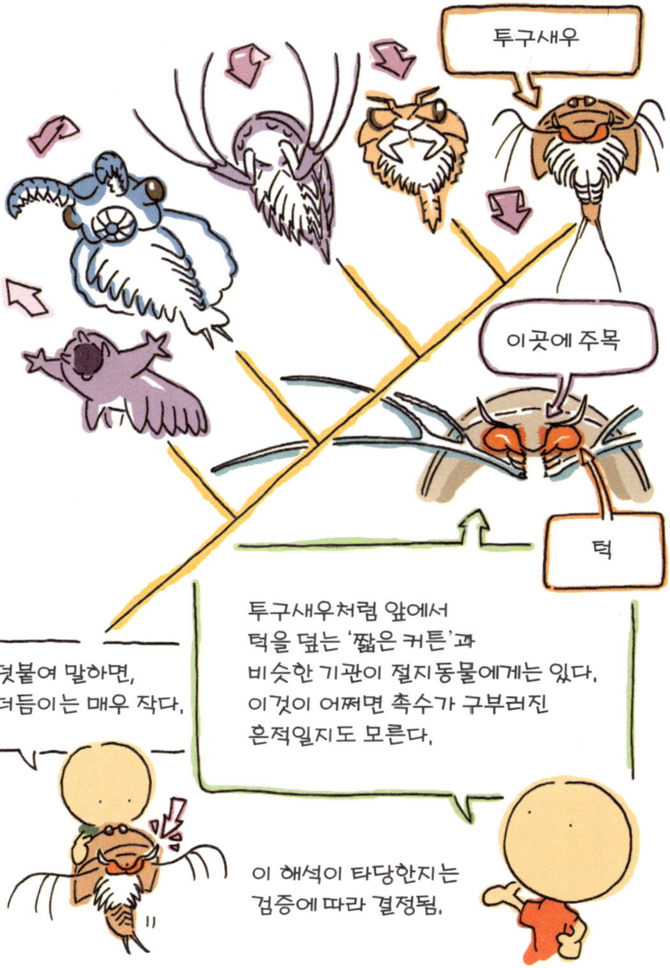

투구새우

이곳에 주목

턱

투구새우처럼 앞에서
턱을 덮는 '짧은 커튼'과
비슷한 기관이 절지동물에게는 있다,
이것이 어쩌면 촉수가 구부러진
흔적일지도 모른다,

덧붙여 말하면,
더듬이는 매우 작다,

이 해석이 타당한지는
검증에 따라 결정됨,

제 4 장 정리

설득력이 높은 가설이 더 나은 가설

과학이란, 설득력이 높은 가설이나 이론이 종래의 것을 대신하는 역사이기도 하다. 그러나 어떤 가설이 더 나은 가설인지 판단하기 어려운 때도 있다. 버제스 셰일을 둘러싼 브리스 연구팀과 버드 박사의 가설 중에 어느 쪽이 더 뛰어난지를 가리는 일은 상당히 어렵다. 어느 쪽이 더 나은 가설인지 확인하기 위해 한쪽 가설을 선택하고 그를 기반으로 데이터를 해석해 성과를 발표했을 때, 얼마나 설득력이 있느냐에 따라 가설이나 이론의 운명이 결정된다.

천동설로 우주를 이해해 왔다면 우리는 우주를 제대로 이해하지 못했을 것이며, 실제로도 그랬다. 근거가 빈약한 이론은 폐기처분될 운명인 것이다. 역사를 찬찬히 살펴보면 가설은 세웠지만 논리적인 근거를 대지 못해 도태된 가설이 여럿 있었다. 이 책에서 소개한 가설 중 몇 개도 이와 마찬가지로, 이 가설들은 난파하는 배처럼 이를 믿는 사람과 함께 침몰하고 말았다.

이 사람들은 답을 먼저 정해 놓고 그에 맞는 데이터를 찾으려고 한다. 보통 우리는 데이터를 보고 이것을 명료하게 설명할 목적으로 그래프를 그린다. 초등학생 키 이야기로 돌아가 보자. 여기서 만약 "인간은 성장함에 따라 작아진다."라고 생각하는 사람이 있다면 어떻게 될까? 그는 아무 망설임 없이 오른쪽 아래로 내려가는 그래프를 그릴 것이다. 다들 제정신이라고는 생각하지 않지만, 그에게는 당연한 일이다. 왜냐하면 그 사람은 인간이 작아진다는 사실을 미리 '알고 있기' 때문이다. "데이터가 그 그래프를 전혀 뒷받침하고 있지 않잖아?"라고 캐물을 수는 있지만, 그는 분명히 "틀린 것은 데이터야."라고 대답할 것이다. 그는 누가 뭐라 해도 '인간이 작아진다는 진리'를 이미 알고 있기 때문에 자신만만할 것이다.

물론 이런 상황이 언제까지나 계속되는 것은 아니다. 다무리 데이터를 모아도, 성장함에 따라 인간이 작아진다는 데이터는 나오지 않기 때문이다. 그는 학년이 올라갈수록 키가 커지는 그래프를 그린 사람들에게 반박하다가 결국 고립되어 현실로부터 버려지게 될 것이다.

한편 우리는 올바른 그래프를 그릴 수 있었다. 이는 어떤 의미에서 보면 놀랄 만한 일이 아닌가. 어떻게 적절한 그래프를 그릴 수 있었을까? 그 비결은 바로 데이

터를 있는 그대로 해석했기 때문이다. 우리는 데이터로부터 완전히 어긋난 그래프를 그리지 않고, 데이터와 이치에 맞도록 그래프를 그린다. 가설과 데이터의 차이가 최소가 되도록 그래프를 그리는 것이다. 그래서 답을 먼저 정해 놓은 사람은 실패하기 마련이다. 그리고 어차피 결정할 것이라면 증거가 많은 쪽을 선택하는 편이 낫다. 증거가 적은 가설을 일부러 고를 이유는 없기 때문이다. 과학의 역사는 이런 일을 용납하지 않았다. 이를 마지막으로 정리하면 다음과 같다.

가설과 데이터의 차이가 최소가 되도록,
그리고 되도록 증거가 많은 가설을 선택할 것.

당연하면서도 중요한 이야기다. 애당초 가설과 데이터의 차이를 줄이려고 하기 때문에 가설을 검증할 수 있다. 데이터와 가설의 오차가 아무리 커진다 하더라도 상관없다면, 데이터를 첨가해서 가설을 검증하는 방법은 쓸모없어져 버린다. 어긋나도 상관없기 때문이다. 그래서 답을 먼저 정해 놓은 사람의 가설은 데이터를 아무리 더한다 해도 변하지 않을 것이다. 하지만 이는 옳은 가설이 아니다. 새로운 가설에 자리를 내주고 사라져야 하는데도 고집스럽게 그 자리를 떠나지 않는 무의미한 가설일 뿐이다.

현실과 싸워 보다 나은 길을 찾고, 멈추지 않고 답을 탐색한다. 과학이란 미련할 정도로 착실해야만 하는 학문이다. 그러니 이게 싫다면 현실과 적당히 타협하면 된다. 그러나 과학자는 그렇게 하지 않았다. 이런 의미로 보면 이들은 자연과 맞서 싸운 고대인의 모습 그대로일지도 모른다. 이렇게 과학자들은 자연에 대한 탐구를 멈추지 않았으며 우리는 그들이 이룩한 성과를 바탕으로 보다 명확하게 자연을 이해할 수 있었다. 개인적으로는 소설 같은 가상의 세계보다 미련하고 착실하게 연구하는 과학의 세계가 더 흥미롭다. 과학은, 헤아릴 수 없을 만큼 수많은 수수께끼를 품고 있는 학문이기 때문이다.

삼엽충의 형태로부터 호흡과 움직임을 알아내다

삼엽충은 절지동물 중에서 예외적으로 결정질의 껍데기를 지니고 있다. 그 때문에 화석으로 남기 쉬워 분류학적으로 매우 다양한 종류가 알려졌다. 종류가 많다는 것도 좋지만, 화석 자체에서 얻을 수 있는 정보는 더 없는 걸까?

"삼엽충의 껍데기에는 근육이 붙어 있던 자국이 남아 있습니다. 이것을 조사하면 삼엽충의 다리 움직임을 알 수 있을지도 몰라요." 시즈오카 대학의 스즈키 교수는 이렇게 말한다. 절지동물의 다리를 움직이는 근육은 등 껍데기에서 뻗어 발로 연결되어 있다. 근육이 붙어 있던 자국을 보면, 삼엽충은 앞뒤로만 움직일 수 있었던 듯하며, 이 근육은 등에 짧은 선 형태의 흔적을 남겼다. 그러나 독특한 형태의 삼엽충인 이리누스의 머리에 있는 근육의 흔적은 둥글다. 구조를 설명하려면 복잡해지기 때문에 결론만 말하면, 이것은 다리를 앞뒤로 움직이는 것만이 아니라 좌우로도 움직이게 했던 기능을 하는 구조라고 한다.

"어디까지나 추측이긴 하지만 이 삼엽충은 머리에서 자라난 다리를 턱으로 사용했을지도 모릅니다." 스즈키 교수는 이렇게 설명했다. 등과는 정반대로 삼엽충의 배는 부드러워서 배 쪽으로 달려 있는 다리나 입은 화석으로 잘 남지 않았기 때문에 이 구조를 확실히 알기가 힘들다. 그리고 지금까지 알려진 삼엽충은 모두 턱이 없었기 때문에 분명히 진흙이나 조그만 먹이를 먹었을 것으로 추정했다. 그러나 이리누스는 턱과 비슷한 기관을 지녔기 때문에 동료와는 다른 먹이를 먹었을 것이라고 생각할 수 있다.

또한 스즈키 교수는 삼엽충 등껍데기에 남은 미세한 구조로부터 산소를 흡수하는 영역과 신선한 혈액을 일시적으로 멈추는 영역이 있다는 사